七彩数学

姜伯驹 主编

QICAISHUXUE

数论与密码

冯克勤□著

科学出版社

北京

内 容 简 介

　　密码学和信息安全是一个重要的科学技术领域,不仅关系到国家的安全,而且与人们的经济活动和社会生活息息相关.通信的数字化和计算机技术的发展使得离散型数学(数论、代数、组合学等)在通信中得到广泛而深刻的应用.本书通俗地介绍密码学和信息安全的历史发展与进步,用例子解释重要密码体制和信息安全的一些基本问题,讲述初等数论的基本知识及其在密码学和信息安全中的应用.

　　本书读者对象为对初等数论和密码学有兴趣的广大读者,具有高中以上数学知识的人均可阅读.

图书在版编目(CIP)数据

数论与密码/冯克勤著.—北京:科学出版社,2007

　　(七彩数学)

　　ISBN 978-7-03-017885-5

Ⅰ.数…　Ⅱ.冯…　Ⅲ.①数论–通俗读物②密码–理论–通俗读物

Ⅳ.①O156-49②TN918.1-49

中国版本图书馆 CIP 数据核字(2007)第 099664 号

责任编辑:吕　虹　陈玉琢　莫单玉/责任校对:张　琪

责任印制:吴兆东/封面设计:王　浩

科 学 出 版 社 出版

北京东黄城根北街 16 号

邮政编码:100717

http://www.sciencep.com

北京九州迅驰传媒文化有限公司印刷

科学出版社发行　各地新华书店经销

*

2007 年 3 月第 一 版　　开本:A5(890×1240)

2024 年 4 月第十次印刷　　印张:4 5/8

字数:60 000

定价:38.00 元

(如有印装质量问题,我社负责调换)

丛书序言

2002 年 8 月,我国数学界在北京成功地举办了第 24 届国际数学家大会.这是第一次在一个发展中国家举办的这样的大会.为了迎接大会的召开,北京数学会举办了多场科普性的学术报告会,希望让更多的人了解数学的价值与意义.现在由科学出版社出版的这套小丛书就是由当时的一部分报告补充、改写而成.

数学是一门基础科学.它是描述大自然与社会规律的语言,是科学与技术的基础,也是推动科学技术发展的重要力量.遗憾的是,人们往往只看到技术发展的种种现象,并享受由此带来的各种成果,而忽略了其背后支撑这些发展与成果的基础科学.美国前总统的一位科学顾问说过:"很少有人认识到,当前被如此广泛称颂的高科技,本质上是数学技术".

在我国,在不少人的心目中,数学是研究古老难题的学科,数学只是为了应试才要学的一门学科.造成这种错误印象的原因很多.除了数学本身比较抽象,不易为公众所了解之外,还有学校教学中不适当的方式与要求、媒体不恰当的报道等等.但是,从我们数学家自身来检查,工作也有欠缺,没有到位.向社会公众广泛传播与正确解释数学的价值,使社会公众对数学有更多的了解,是我们义不容辞的责任.因为数学的文化生命的位置,不是积累在库藏的书架上,而应是闪烁在人们的心灵里.

20世纪下半叶以来,数学科学像其他科学技术一样迅速发展.数学本身的发展以及它在其他科学技术的应用,可谓日新月异,精彩纷呈.然而许多鲜活的题材来不及写成教材,或者挤不进短缺的课时.在这种情况下,以讲座和小册子的形式,面向中学生与大学生,用通俗浅显的语言,介绍当代数学中七彩的话题,无疑将会使青年受益.这就是我们这套丛书的初衷.

这套丛书还会继续出版新书,我们诚恳地邀请数学家同行们参与,欢迎有合适题材的同志踊跃投稿.这不单是传播数学知识,也是和年青人分享自己的体会和激动.当然,我们的水平有限,未必能完全达到预期的目标.丛书中的不当之处,也欢迎大家批评指正.

姜伯驹

2007年3月

序　言

　　人类社会发展到一定阶段,产生了语言和文字. 一些国家或地区的人们采用共通的语言和文字进行思想的交流和沟通,对于社会生产和生活产生巨大的作用. 但是在另一方面,在许多社会活动中,思想交流需要对外人保守秘密,使用各种暗语、密文和密码. 大约四千年前,埃及尼罗河畔有些墓碑上所刻的铭文不是用当时的文字写成的,而是用一些奇怪的符号. 公元前 130 年左右,在另一个文明古国美索不达米亚,碑文上的人名改换成数字,增加了神秘性. 在印度,公元前 300 年左右,《经济论》一书,记载了官员用密码给密探下达任务. 在中国,明朝蒋一葵所著《尧山堂外记》一书谈到三国时期蜀国考试制度时,提到主考官和考生约定的作弊暗语……

　　公元 10 世纪以后,密码逐渐广泛地使用到政治、军事和外交上,在这些领域中通信加密的重要性,加速了密码的发展. 中国在公元 11 世纪的《武经总要》一书中,详细记载了一个小型但却是名符其实的军用密码本,将从"申请弓箭"到"报告胜利"等 40 条信息,分别用一首诗的前 40 个汉字来代替. 在 16 世纪末期,欧洲许多国家设定了专职的密码秘书,重要的文件都采用密写. 有加密就有破密,加密和破密是矛和盾的两个方面,呈现出"魔高一尺,道高一丈"的竞赛场面. 到了 18 世纪,欧洲各国普遍建立了"黑屋",它的任务就是截取别人来往信件,设法破译这些信件,获得重要的军事和外交情报. 在当时,维也纳的"黑屋"是最高明的一个,曾破译过拿破仑的信件. 在第一次大战期间,英国的"40 号房间"从 1914 年 10 月至 1919 年,共截获和破译了 15000 份德国密码电报.

除了保密在政治和军事中的重要性之外,通信技术的进步也极大地加速了保密通信的发展. 在人类早期通信中,重要的信件主要靠信使传送,密码的构作方式主要借用文字或字母的替换,或者把字母改用数字代码,而破译主要用纸笔手工操作. 后来发明了保密机,用机械式的运算或变换方式代替手工运算和操作,提高了保密通信的效率. 1844 年有线电报的发明和 1895 年无线电的诞生,引发通信技术的一场重要革命. 有线电报和无线电通信使信息传输快速方便,与此同时,大量的电信号在无线电传输时容易被外人截取. 这些容易截取到的大量密文为破译者提供了更多的素材,促进了破译技术的发展. 由于密文易被截取从而增大了被破译的可能,因此也要求加大保密程度,这迫使人们创造更高明的加密方法和手段. 到了第二次世界大战期间,电子通信技术手段促使加密和破译方法有新的飞跃. 于是,交战双方——德国、日本、英国,尤其是美国——采取了一项重大措施,就是请一批出色的数学家从事这项工作,借助于数学思想和工具进行加密和破译. 美国数学家在密码分析(即破译)方面干得非常出色. 日本人在 20 世纪 30 年代后期发明了一种高级加密机"九七式欧文印字机"(美国人称之为"紫密"),使用了相当复杂的多表代替型密码. 美国密码分析学家利用数学工具(数论、群论和数理统计学)在 1940 年破译了"紫密",但不为日本人所知. 1942 年日本突袭中途岛海战的失败,一个重要原因是美国破译了日本攻击中途岛的情报. 1943 年 4 月,美国破译了日本联合舰队长官山本五十六视察前线阵地的详细日程表,在 4 月 18 日这一天,派 18 架战斗机在预定时间和地点打下山本的座机,成为密码史上精彩的一页,也展现了数学在加密和破译中的巨大威力. 美国数学家香农(Claud Elwood Shannon)是这期间建立和发展通信理论的杰出代表. 他在 1948 年和 1949 年分别发表了两篇著名论文《通信的数学理论》和《保密系统的通信理论》. 前一篇文章建立了信息论,把整个通信(特别是可靠性通信)建立在坚实的数学基础之上;而后一篇文章建立了保密通信的数学理论. 在早期发展中,加密方式五花八门(包括用密写药水的隐写术、把文字藏在优美画图之中的隐形术等),而破译更多地体现为心智的竞赛,其特性更像是一种艺术,香农建立保密通信数学理论之后,加密和解密才成为一种科学(密码学和密码分析学).

20 世纪 60 年代末期开始,通信技术又有飞速的发展. 微电子学的进步使电子元件更加可靠和小型化,并且出现了高速的数字计算机和大规模的数字通信网络. 这些技术进步为保密通信带来许多新的课题. 首先,由于计算机的进步,密码分析有了更快速的计算手段,原来以为安全的加密方法现在变得不安全了,这就促使加密和破译的方式都提高到一个新的水平.

另一方面,通信网络在全球的普遍采用,深入到经济和社会的各个层面,甚至到千家万户的日常生活. 保密通信不仅是政治和军事上的需要,而且也成为电子商务活动、社会管理以及保护个人隐私等方面的重要问题. 通信进入多样化和复杂的社会活动各领域之后,也对通信的安全性提出了许多新的要求. 例如,如何保护计算机数据? 通信网络的发展,每个用户与众多用户进行保密通信,大量的密钥如何保存、管理和更换? 以电子的方式购货或付款时,如何进行电子签名以确认购货人和借款人的身份? 商业电子活动的双方发生冲突时,以何种方式加以仲裁,并且在仲裁过程中各方还保证不泄漏秘密……这些需要解决的新课题使主要研究信息加密的密码学扩展成考虑各种安全性能的一个广泛领域,现在称之为"信息安全"领域. 1976年,美国人狄菲(W. Diffie)和海尔曼(M·E· Hellman)发表了"密码学中的新方向"一文,提出一种全新的密码思想,叫作公开密钥体制. 这种体制很好地解决了大量密钥管理和数字签名问题,马上就受到广泛的注意. 公钥体制是信息领域一场重大的变革,现在已经有效而广泛地应用于信息安全的各个方面.

半个多世纪以来,在通信的发展中,数学起了很大的作用,这主要体现在两个方面:数学工具的更新和通信与数学发展的互动. 在电子通信和计算机的早期发展阶段,电子信号是连续信号,分析信号的主要数学工具是微积分中的傅里叶变换. 大家知道,17 世纪欧洲工业革命当中,由于机械工业发展,力学导致牛顿发明微积分、流体力学和电磁学,使微积分得到巨大发展,成为数学的主流. 数字通信和数字计算机采用脉冲信号,信号不是连续的而只有有限个状态(通常只有两个状态,数学上表示成 0 和 1). 描述这种有限离散的逻辑线路采用离散性数学工具,主要是数论、代数和组合数学. 数论、代数和几何是最古老的 3 个数学分支. 数学被认为是科学的皇后,而数论被大数学家高斯称为是数学的皇后. 数论的研究博大精深,一直是象牙之塔,现在在通信中得到深刻的应用. 比如,在公钥体制中目前广泛采用的两种方案(其一是大数分解的离散对数方案)都是采用了数论方法. 数论和抽象代数(群、环、域、特别是有限域)现已成为通信工程师必不可少的数学工具. 组合数学在半个世纪之前不属于数学的大雅之堂,被认为是一些数学游戏(36 军官问题、一笔画问题、四色问题、周游世界问题等).
数字通信和离散规划等方面的发展大大提高了
组合数学的地位. 在具有百年历史的世界数学
家大会上,历来只有传统的数学学科被列为大
会分组之中. 1978 年设立了新的小组"离散数
学与计算机科学中的数学". 而从 1983 年开始,
组合数学单独成为一个小组. 第二个方面,是
通信(比如信息安全)为数学界提出了一系列具
有实际意义的研究问题,推动了数学的发展,为
传统学科(如数论)注入了新的活力,开辟了新
的研究方向(如计算数论和计算代数),甚至出
现了许多全新的数学研究领域(如计算复杂性
理论等). 在许多先进国家,通信和计算机领域
凝聚了阵营强大的数学家队伍. 保密通信和信
息安全领域是最需要独立自主和创新思想的一
个领域,需要数学家与通信、计算机专家有效地
通力合作.

    以上我们简要地介绍了保密通信发展的大
致轮廓. 从介绍中可以看出数论、代数、组合数
学和概率统计学等多个学科在密码学、密码分
析和信息安全各方面都有重要的应用. 在这本
小册子里,我们通俗地讲述密码学和信息安全
发展中的一些例子,说明数论(主要是初等数

论)如何用于保密通信的这些领域. 在讲述过程中我们也浅显地介绍初等数论的一些知识以及数论发展中的一些故事.

作者

x

目　录

1 什么是保密通信

人们在社会活动和日常生活中离不开通信交往.通信有许多不同的具体方式."烽火连三月,家书抵万金"中传递战事信息的烽火台和战士寄回家中的书信为通信的两种方式.从电发明之后的电报和电话一直到计算机时代的电子邮件、图象和数据的传送,通信的技术手段日新月异,但是通信的数学模型均可简单而统一地表成以下形式.

$$\boxed{信源} \xrightarrow{\ 信道\ } \boxed{信宿}$$

$$x \longrightarrow x$$

（发方）　　　　　（收方）

通信是发方和收方之间的一种活动.发方在信源把信息 x 通过信道传送出去,收方在信

宿接收信息 x. 比如在电报通信中,信源和信宿分别是发报机和收报机,信息是电报中的文字,但是发方要把文字转换成电信号 x 发出,信道是传递电信号的空气介质,收方接到电信号 x 之后用电码本转回到电报中的文字. 在信件传递中,发方和收方为发信人和收信人,信道是邮递员或人类早期的驿站. 在电视通信中,发方为电视台,收方为各电视用户,信息则是传递的图象.

信息有许多不同的具体形式,如文字、声音、图象和数据资料等. 在当今无线电通信和数字计算机时代,各种形式的信息大都转化成数字脉冲电信号来传递. 每个脉冲信号只具有有限多个状态,这些状态在数学上表示成 $a_1, \cdots, a_m$,其中 m 为状态的个数,它们构成状态集合 $S=\{a_1, \cdots, a_m\}$. 每个基本信息用长度为 n 的一个状态序列来表示:

$$c_0 c_1 \cdots c_{n-1} \qquad (c_i \in S).$$

由于每个 c_i 均有 m 种选取方式,所以共有 m^n 个状态序列,用来表达 m^n 个基本信息. 通常采用的脉冲信号只有两个状态,数学上表示成 0 和 1,即 $S=\{0,1\}$. 如果将英文的 26 个字母用这种二元状态序列来表示($m=2$),则需要序列的长度为 5(因为 $2^4 < 26$ 而 $2^5 > 26$). 我们把长为 5 的 32 个二元序列按整数 $0,1,2,\cdots,31(=2^5-1)$ 的二进制展开排成一个次序. 整数 $l(0 \leqslant l \leqslant 31)$ 写成二进制形式为

$$l = c_4 \cdot 2^4 + c_3 \cdot 2^3 + c_2 \cdot 2^2 + c_1 \cdot 2 + c_0$$
$$= 16 \cdot c_4 + 8c_3 + 4c_2 + 2c_1 + c_0$$
$$= (c_4 c_3 c_2 c_1 c_0),$$

其中每个 c_i 为 0 或 1. 例如:$0 = (00000)$,$1 = (00001)$等. 于是长为 5 的所有 32 个二元序列可依次排成

$0 = (00000)$,$1 = (00001)$,$2 = (00010)$,

$3 = (00011)$,$4 = (00100)$,$5 = (00101)$,$\cdots$,

$31 = (11111)$.

从而把 26 个英文字母依次表成二元序列:

$A = (00000)$,$B = (00001)$,

$C = (00010)$,$\cdots$,$Z = 25 = (11001)$.

这样一来,如果我们要传递 M 个基本信息,将它们编成 m 个状态的序列时,所需状态序列的长度差不多是 $\text{Log}_m M$. 这个序列长度是通信的一个重要的指标,因为它直接影响通信所花费的时间,即通信的传递速度. 因为传送一个长为 100 的序列所花的时间,是传递一个长为 10 的序列所花时间的 10 倍.

通信中有许多数学问题,本书中只谈保密通信.在保密通信中,发方和收方合称为我方,他们的对立面可称之为敌方(或对手).我方传送的信息不能让敌方得知,发方需要将信息加密再传给收方.原来的信息叫作明文,加密后成为密文.收方在接到密文之后,要把密文去密,恢复成明文.加密和去密方法只有我方知道.敌方在截取到密文之后,要致力于攻击密文,希望能破译出一些明文来,更高的目标是希望能破译出我方的加密和去密方式.如果破译出加密方式,敌方可以制造假信息,加密后传给收方,达到欺骗的目的.如果破译出去密方式,敌方今后可源源不断地破译我方的密文.综合上述,通信模型在增加了保密功能之后,便成为如下形式的保密通信数学模型.

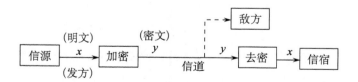

现在我们举一个例子.在战事中敌方截获了一份电报,如图 1 所示.试问你能否把字破译出来?

将明文加密需要做两件事情.

1	击	我	3	命	向
1	你	4	部	点	1
2	点	2	4	1	0
2	0	师	5	分	1
高	分	地	从	发	西
于	起	空	攻	部	降

图 1　一份电报密文

（Ⅰ）设计加密的方式,这叫作密码体制.

（Ⅱ）一种密码体制通常要使用一段时间,但是在使用中可以改变其中的某些控制参数,这些参数叫作密钥.密钥由发方和收方事先约定,不可被敌方知道.密钥不但要由我方妥善保管,为防止敌方破译,还需要不断地更换.

现在介绍上面电报密文的加密体制,取一张 6×6 的方格纸(见图 2).考虑其中标有⊕的那个方格.以方格纸的中心点 P 为固定点,顺时针将正方形转动 90°,180°和 270°,标有⊕的方格便依次移到标有⊖、⊕和⊖的 3 个方格.我们称这 4 个方格是等价的,形成一个等价类.于是,36 个方格当中,每 4 个方格形成 1 个等价类, 共有 9 个等价类.

从每个等价类中取出 1 个方格, 共取出 9 个方格分别属于不同的等价类. 如图 2 中 9 个标有 ↑ 的方格, 就是 9 个不同等价类的代表. 把这 9 个方格挖空, 便做成一个加密的工具.

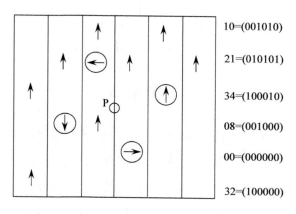

10=(001010)

21=(010101)

34=(100010)

08=(001000)

00=(000000)

32=(100000)

图 2 一种置换加密体制和密钥

现在我方指挥官要发一个 36 字的明文给前线师长. 他把方格纸放在电报纸上. 先在挖空的 9 个格子处从第 1 行起从左到右填写明文, 然后接着在第 2 行一直到第 6 行均从左到右填写完明文开头 9 个字. 把方格纸顺时针转 90°, 又漏出 9 个新的空格, 按同样方式再接着填写 9 个字. 然后顺时针再转 90°两次, 填上后边 18 个字. 把方格纸掰开, 就成了图 1 中的密文. 这种加密方式是将明文中字的位置作了移动,叫作是置换(或移位)密码体制.收方在得到密文电报之后,把同样的方格纸放在电报上,从空格处先读出 9 个字,然后旋转方格纸,便依次读出明文.

加密用的方格纸可一式两份,发方和收方各保存一份,分别用来加密和去密,但是方格纸有丢失的危险.最好是再给出一个隐蔽的方式记录挖空格的方式:比如说,我们把挖空的格子记成 1,未挖空的格子记成 0,则图 2 中第一行为(001010).将它看成是二进制数,表成十进制数为 $2^3+2=10$.同样地,后 5 行依次为

$(010101)=21,(100010)=34,(001000)=8,$
$(000000)=0,(100000)=32.$

于是,我们只需记一串数字 102134080032,这就是密钥.发方和收方只需约定这个密钥,便可各自制作出这个用来加密和去密的方格纸.

每个等价类有 4 个方格,从中取出一个代表共有 4 种方式.所以从 9 个等价类中各取一个代表共有 $4^9=262144$ 种方式.这表明,在密码体制不改变的情况下,我方共有 262144 个密钥可供选择.即使敌方破译了加密体制,要破译密钥也不容易,我方在下一次可以更换密钥.

这种置换密码体制还有许多花样,并且加密过程可以用机械来实现,做成密码机. 但是在无线电通信中更广泛的采用另一种密码体制:明文中的字不是用改变位置的方式作为密文,而是把明文中每个字或者一组字替换成别的字或字组,叫作替换密码体制. 以后我们介绍的例子均属于替换密码体制.

习 题 一

1. 用给出的密钥读出图 1 中的密文.

2. 4^9 个密钥中,哪些是密钥制作的空格,其保密性能不好?

2 密码学中的格言

"几乎每个密码设计者都相信他的杰作是不可破译的." 这是戴维·卡恩(David Kahn)在 1967 年所写《破译者》一书中的一句话. 但大量历史事实表明密码设计者往往过于自信. 例如,法国密码学家巴泽里(Bageries, 1846~1931)为法国政府和军方破译了大量密码,包括破译了德维亚里的密码,他在不断攻击别人密码的过程中提出了自己一种密码系统,声称是绝对安全的,但是这个系统却被德维亚里(M. de Viaris)破译了. 还可举出许多许多这样的例子.

如何判别一个密码系统是好的,破译确实困难? 这是保密通信中最重要的问题,但也是很难说清楚的问题. 多年来,人们从不同的角度提出许多标准来衡量密码系统的安全性. 这些标准或者采用专门性的术语,或者使用形式化的数学概念. 另一方面,在密码界流传着一些格言,体现出实践上的经验与体会. 现在结合这些格言对于加密和破译工作的指导原则做一个描述性的讨论.

格言 1:不应当低估对手的能力.

这是送给密码设计者的警句. 我们在序言中讲了二战时美国破译日本"紫密"的例子. 二战时的另一个例子是英国人破译德国 ENIGMA 密码机,而德国海军一直坚信 ENIGMA 是不可破译的. 破译密码确实比制作密码还要困难得多. 但是现今已经发明出许多破译密码的手段. 而且在破译之后是不会声张的,反而会采用迷惑的方式,甚至会有意地牺牲局部的损失,鼓励对方继续使用已被破译的密码,窃取更多的情报. 英国数学家图灵(Turing,计算机理论创始人之一)于 1939 年参与破译德国 ENIGMA 密码机,这件事一直保密到 1974 年.

破译者对于密码有以下三种攻击的方式:
①唯密文攻击,即在只知道一段密文的情况下

进行破译. 这时, 需要截取足够多的密文才能进行统计分析. ②已知明文攻击. 破译者已知一些明文和它们所对应的密文, 然后破译新的密文, 或者破译出密码体制和密钥. ③加密解密攻击. 即在破译加密方式之后得到解密的方法. 在早期的密码系统中, 由加密运算常常很容易得出解密运算. 比如上节例子中, 加密和解密均采用同一张挖洞的方格纸. 但是在 1976 年发明的公钥体制中, 即使知道了加密运算, 也很难得出解密方式. 在设计密码时要考虑破译者各种攻击方式.

格言 2: 只有密码分析者才有资格评价一个密码体制的安全性.

保密通信理论的奠基人香农提出了设计好密码的一些标准. 其中包括: ①加密安全强度大, 敌方在截取大量密文的情形下也只能提取少量的信息, 很难恢复成明文. ②密钥是保密的关键, 也是破译工作的主要攻击对象. 密钥的生成方式、传送和保管需要绝对安全可靠. 还需要有足够多的密钥, 以便随时更换. ③加密和去密的方式既要"复杂", 使保密性能很高, 又要操作简单, 在工程上容易实现, 密文不能比明文长很多,否则要影响通信的速度和效率等.但是有许多密码专家认为,不能由密码设计者所说(破译他的密码需要花多少计算时间,要试验需采用多少种组合方式)就相信这种密码是安全的、评判密码安全性的发言权掌握在密码分析家的手里,密码要经得起别人的攻击.我们在后面将会看到,公钥体制发明之后,十多年间,人们提出了大量的实现方案,到目前为止未被人攻破的方案只剩下两个方案(这两个都是用数论构作的公钥方案)!

格言 3:要假定敌人知道你所用的加密体制.

这是香农说的话.密钥可以经常更换,而加密体制和用这种体制的加密机和解密机是长期使用的,所以,破译者可以有较长时间来猜测、试验以至于破译出加密所用的体制,敌方也会截取加密机,观察和分析它的结构.所以,设计一个好的密码,一定要在假定体制被敌方所知的情形下也不易由密文得到明文,更不能得到所用的密钥.

格言4：表面的复杂性可能是虚构的，可能产生安全的错觉.

多数加密方法叠加在一起，并不一定使密码更为安全，往往会把加密性能相互抵消. 所以，设计加密和解密比较简单而保密性能又强的密码体制，是密码学的主要目标，这需要创新的思想和高度的技巧和构思.

以上我们通俗地介绍了设计密码和攻击密码的基本原则，指出攻击密码的几种方式，设计密码应当遵循的一些标准. 今后在介绍各种密码体制时，我们将按照这些原则和标准来评判密码的好坏和抵抗各种攻击方式的能力. 我们也简要地说明针对各种密码体制的破译方法，但限于本书的篇幅，对于密码分析学方面的内容不作过多的介绍，因为破译比设计密码更加复杂，既使举例子也需要用相当长的密文进行破译，才能说明问题.

保密通信要求这项工作本身具有很强的保密性，长期以来，密码设计、破译工作以及相关的工作人员受到各国政府的严格控制. 二战时期，在日本、德国和美国内部，海军和陆军的密码都相互独立和保密. 一个好的密码不仅自认为性能好,而且要经得起别人攻击,但是对敌方攻击的状况是不得而知的,敌我双方在暗中角斗,甚至进行有意的相互欺骗,充满了神秘色彩和高度的刺激性.在过去几十年里,一些众所周知的数学家突然从学术会议等公共场合消失,人们看不到他们公开发表的论文,便传言从事保密通信去了.1976年发明公开密码体制之后,科学家们公开讨论这种密码的方案和技术,在美国曾引起政府部门和科学家之间的冲突.当局认为私人部门研究密码学无异于私人研究原子能武器,要对研究和开发密码的公司和个人加以限制和监督,正式公开出版物要有政府的许可证.而公众一方则认为这样做违反了美国宪法.1987年美国国会通过了计算机安全法案,还设立了安全与保密顾问委员会,1993年对部分密码学家发布了限制性的通告,要求私人使用的密钥要由政府采取强制性的托管,引起科学家与政府之间的冲突.

近年来,随着保密在经济、管理和生活领域的广泛蔓延,保密系统科学性的增强需要数学家、通信与计算机专家的通力合作,情况已发生很大的变化,密码学逐渐走向公开,一个标志性事件是美国于1977年1月15日正式公布了正在实施的数据加密标准DES,并公开鼓励外人进行攻击,以检验其安全性.1998 年 7 月,电子边境基金会(EFF)用一台价值 25 万美元的计算机在 56 小时内成功地破译了 DES.2000 年10月2日,美国商务部以国际范围内征集的15个候选算法中评选出一个由荷兰人给出的更高级加密标准 AES 来代替 DES,并于 2002 年 5 月26 日正式生效,到目前为止,经过几年的分析和测试,没有发现明显的缺点和漏洞,能抵抗目前已知的各种攻击方法,但是对 AES 的破译努力在世界各地仍未停止.

密码研究和破译工作有很长的历史,但一直到 1967 年才有公开著作.卡恩搜集和整理了一战和二战时期的大量史料,公开出版了《破译者》一书.近年来,密码学和密码分析学的专著和教科书已大量出现,并且已成为通信、计算机和应用数学专业的大学生和研究生的课程.从20 世纪 80 年代起出现了密码学方面的科学杂志,公开登载保密通信的技术和数学研究论文.在欧美和亚洲,现在几乎每年都召开密码和信息安全方面的国际会议,并迅速地出版会议论文集.信息安全已不再是神秘的事情,而是政府、企业家和科学家的共同事业,不同领域专家的交流与合作正在促进信息安全事业的蓬勃发展.

下面几节,我们将沿着历史的足迹,由简单到复杂地介绍密码体制的一些例子,并且结合这些例子讲述所需要的数论知识,以及数论在密码中的应用.

3 凯撒密码——整除和同余

罗马帝国的凯撒(Caesar)大帝在《高卢战记》一书中,描述他把密信送给被敌人围困的西塞罗,但并未讲述加密的方法. 在公元 2 世纪苏托尼厄斯写了《凯撒传》,对于凯撒密码有详细的介绍,这种密码使用了数论的同余和同余运算. 我们首先介绍有关的数论知识:整数的分解和同余性质. 这些性质基本上在中学都学过,这里主要是明确一些术语和数学符号.

数论是研究整数性质的一门学问. 今后用 **Z** 表示全体整数组成的集合. 整数可以进行加、减、乘运算. 数学上把这种具有加减乘运算的集合叫作是一个环. 所以 **Z** 称作是整数环. 另一方面,两个整数 a 和 $b(b\neq 0)$ 相除, $\dfrac{a}{b}$ 不一定是整数,由此产生了数论的一个基本概念:整除性.

设 a 和 b 是整数 $(b\neq 0)$. 如果 $\dfrac{a}{b}$ 是整数,即存在整数 c 使得 $a=bc$,则称 b 整除 a(或称 a 被 b 整除),表示成 $b|a$. 这时 b 叫 a 的一个因子(或约数),而 a 叫 b 的倍数. 如果 b 不整除 a,表示成 $b\nmid a$.

设 $a_1,\cdots,a_n$ 是不全为零的整数,它们最大的正公因子叫作 $a_1,\cdots,a_n$ 的最大公因子,表示成 $(a_1,\cdots,a_n)$. 例如 $(-6,10,0)=2$. 如果 $(a,b)=1$,即整数 a 和 b 没有大于 1 的公因子,称 a 和 b 互素. 类似地,若整数 $a_1,\cdots,a_n$ 均不为零,它们有最小公倍数,表示成 $[a_1,\cdots,a_n]$.

一个大于 1 的整数 p 叫作素数(或质数),是指除了 1 和 p 之外没有其他正因子,熟知在 100 以内共有 25 个素数,它们是:2,3,5,7,11,13,17,19,23,29,31,37,41,43,47,53,59,61,67,71,73,79,83,89,97. 公元前 3 世纪希腊数学家欧几里得就证明了:素数有无穷多个.

比整除性更细致的一个概念是整数的同余性.

设 m 是正整数,a 和 b 是整数. 如果 $a-b$

被 m 整除,即 $m \mid (a-b)$,则称 a 和 b 模 m 同余. 用德国大数学家高斯发明的记号,a 和 b 模 m 同余,表示成

$$a \equiv b \pmod{m}.$$

如果 $m * (a-b)$,称 a 和 b 模 m 不同余,表示成 $a \not\equiv b \pmod{m}$.

大家知道有如下的带余除法:对于正整数 m 和整数 a,有唯一的整数 q 和 r,满足

$$a = qm + r, \quad 0 \leqslant r < m,$$

其中 q 和 r 分别叫作以 m 去除 a 的商和余数. 根据同余定义可知,a 和 b 模 m 同余当且仅当用 m 去除 a 和 b 有相同的余数. 特别地,$a \equiv 0 \pmod{m}$ 当且仅当 m 整除 a. 而一般地,每个整数模 m 恰好同余于 $0, 1, 2, \cdots, m-1$ 当中的一个整数.

和通常等式一样,同余式也可进行加减乘运算. 也就是说:

如果 $a \equiv b \pmod{m}$,$c \equiv d \pmod{m}$,则 $a+c \equiv b+d \pmod{m}$,$a-c \equiv b-d \pmod{m}$,$ac \equiv bd \pmod{m}$.

证明也并不困难,以乘法为例,由假设和 $m \mid (a-b)$,$m \mid (c-d)$,于是 $m \mid (a-b)c$,$m \mid b(c-d)$. 所以 $m \mid (a-b)c + b(c-d) = ac -$

bd,即$ac\equiv bd(\bmod m)$.

数论暂时就介绍到这里,现在谈凯撒密码.为方便起见,我们以英文为例,把英文 26 个字母依次对应于数字 $0,1,2,\cdots,25$.

A B C D E F G H I J K L M
0 1 2 3 4 5 6 7 8 9 10 11 12

N O P Q R S T U V W X Y Z
13 14 15 16 17 18 19 20 21 22 23 24 25

取 0 到 25 之中的一个整数 k 作为密钥,例如取 $k=10$.加密运算是对每个英文字母,将它表示的整数 i 按模 26 方式加上 10 成为 $i+10(\bmod 26)$.然后把这个字母改成 $i+10(\bmod 26)$ 所对应的字母.例如 T 用数字 19 作代表,而 $19+10\equiv 29\equiv 3(\bmod 26)$,数字 3 表示字母 D,所以在明文中所有字母 T 都改成 D. 也就是说,每个字母用在它后面 10 位的那个字母来代替,由于采用了模 26 相加,$25+1\equiv 26\equiv 0(\bmod 26)$,所以末尾字母 Z($=25$)的后面又返回到头一个字母 A($=0$).

比如,发方想传送明文 battle on Tuesday. 采用密钥 $k=10$,得到密文 LKDDVOYXDEOC-NKI. 加密过程可表成如下算式

```
  b a t t l e o n t u e s d a y  (明文)
+ 1 0 19 19 11 4  14 13 19 20 4  18 3 0  24 (x)
− 10 10 10 10 10 10 10 10 10 10 10 10 10 10 10 (密钥 k)
```
——————————————————————————————————————
```
 11 10 3 3 21 14 24 23 3 4 14 2 13 10 8
```

(加密:$E(x)=y\equiv x+10(\mathrm{mod}26)$)

L K D D V O Y X D E O C N K I (密文)

今后用 E 和 D 分别表示加密(encoding)运算和解密(decoding)运算.凯撒密码的加密运算就是把明文 x 变成 $y=D(x)\equiv x+10(\mathrm{mod}26)$,而解密运算 D 为 E 的逆运算,即将密文 y 模 26 减去 10(也就是加 16):$D(y)\equiv y-10\equiv x(\mathrm{mod}26)$.例如明文中字母 T=19 加密变成 $19+10\equiv3(\mathrm{mod}26)$,即 T 改用字母 D,而密文字母 D=3 解密成 $3-10\equiv-7\equiv19(\mathrm{mod}26)$,又变回到明文字母 T=19.加密和解密都是容易实现的运算.这种密码体制的特点是:每个字母 i 的位置不变,但替换成另一个字母 $i+10(\mathrm{mod}26)$.所以是替换式密码体制.

现在我们分析这种密码体制的保密性能,初看起来,似乎完全看不懂上面密文的意思.但实际上它的保密程度并不高.这种体制的主要缺点是:明文中同一个字母都替换成同一个字母,即 i 均替换成 $i+10(\mathrm{mod}26)$.在英语中有些字母(如 e,t,a,o)出现次数较多,而另一些字母

(如 x, y, q)则很少出现,在敌方截取足够长的密文之后,他可把密文中出现次数多的字母试着在对应通常英语中出现频率大的一些字母,如果试几次可暴露出一段明文,便可猜出采用的是凯撒密码体制,并且只需由一个明文 x 和密文 y 字母的对应就可得到密钥 k ($\equiv y - x(\mathrm{mod}26)$). 然后敌方便可把所有密文恢复成明文. 即使我方更换了密钥 k,由于敌方已知密码体制,也可容易猜出新的密钥 k,因为密钥太少,只有 26 个,他可以逐个去试. 从上述可知,密码分析所采用的数学工具是概率统计方法,这是早期用于破译密码的主要方法.

凯撒密码虽然很不安全,但也曾使用过一段时间. 1915 年,俄国军队还在使用这种密码,使奥地利和普鲁士的密码分析学家感到非常惊讶.

习 题 三

收到密文 GRPDVEFN,你能否试验它是否采用的凯撒密码体制?能否恢复成明文?

4 维吉尼亚密码——周期序列

　　凯撒密码的缺点是字母采用单一替换方式,密钥量太少而且密钥太短. 1586 年法国外交官和密码学家维吉尼亚(Blaise de Vigenere)把凯撒加密方式作了改进.凯撒密码的密钥是用一个数字 $k = 10$ 简单地重复成序列 $10, 10, 10, \cdots$ 与明文模 26 相加.维吉尼亚密码则增加密钥的长度.比如说发方和收方约定以 finger 作为密钥,它的数字表示为$(5, 8, 13, 6, 4, 17)$.加密时将明文序列与以这 6 个数字不断重复的周期序列

$$5, 8, 13, 6, 4, 17, 5, 8, 13, 6, 4, 17, \cdots$$

进行模 26 相加,比如明文仍为 battle on Tuesday,加密过程为

```
  b a t t l e o n t u e s d a y          （明文）
+ 1 0 19 19 11 4  14 13 19 20 4  18 3 0 24   （x）
  5 8 13 6 4 17  5 8 13 6 4 17   5 8 13   （密钥序列）
  6 8 6 25 15 21 19 21 6 0 8 9 8 8 11   （y＝E(x)）
  G I G Z P V T V G A I J I I L       （密文）
```

明文中前两个字母 t 被加密成不同的字母 G 和 Z,而密文中前两个字母 G 也来自明文中不同的字母 b 和 t.这种加密方式比凯撒密码的性能好.收到密文后,模 26 减去密钥序列便恢复出明文.在破译方面,对于这种密码首先由密文决定密钥的周期长度(上面密钥 finger 的长度为 6),然后再决定密钥,而密钥序列是不断重复密钥数字的一个周期序列.破译专家已给出一些方法破译维吉尼亚密码,采用更高深的统计和其他工具,这里就不介绍了.维吉尼亚密码在 19 世纪中期才被破译.

维吉尼亚密码在加密和解密时,每位作模 26 的加法和减法,这是容易实现的.问题在于密钥序列不是一个数字重复,而采用多个数字重复的序列.在前面例子中密钥 finger 共有 6 个字母,密钥序列是 6 个数字(5,8,13,6,4,17)不断重复的周期序列(周期长度为 6).加密和解密都是采用机械式的加密机来进行.它是一些同心圆的圆盘,外轮可以转动.将圆周分成 26 等分,依次标上字母 $a,b,c,\cdots,x,y,z$. 由于是圆盘,z 和 a 首尾相连.将两个圆盘错开 3 位,则内轮的 a 对应外轮的 D,内轮的 b 对应外轮的 E,这种对应就是模 26 相加 3.如果用长为 6 的密钥 $(5,8,13,6,4,17)$,则需要 6 个活动的外轮,与内轮分别错开 $5,8,13,6,4,17$ 位,为了加密更可靠,自然想到密钥长度(即密钥序列的周期长度)愈大愈好.目前在电子通信中使用的密钥,长度都在 10^{10} 以上.使用有这么多圆盘的机械式加密机是不可能的.但是在电子通信中有一种快速而方便的电子元件,它可以产生大周期序列,我们在下节介绍这种电子元件:移位寄存器.

5 流密码——移位寄存器

在电子通信中,脉冲信号只取有限个可能.假设有 m 个可能($m \geqslant 2$),并且在数学上不妨表示成 $0,1,2,\cdots,m-1$.组成一个 m 元集合 $Z_m = \{0,1,\cdots,m-1\}$.比如,在凯撒密码和维吉尼亚密码中,$m=26$.对于每个正整数 n,我们可以定义一个集合

$$Z_m^n = \{(a_1,a_2,\cdots,a_n) \mid a_1,\cdots,a_n \in Z_m\}.$$

由于每个 a_i 在 Z_m 中选取都有 m 个可能,所以共有 m^n 个可能的 $(a_1,\cdots,a_n)$,即集合 Z_m^n 共有 m^n 个元素,比如 Z_2^3 共有 8 个元素:$Z_2^3 = \{(0,0,0),(0,0,1),(0,1,0),(0,1,1),(1,0,0),(1,0,1),(1,1,0),(1,1,1)\}$.

Z_m 上的一个 n 元函数 $f(x_1,\cdots,x_n)$ 就是从

Z_m^n 到 Z_m 的一个映射

$$f = f(x_1, \cdots, x_n) : Z_m^n \to Z_m,$$

它把每个 $(a_1, \cdots, a_n) \in Z_m^n$ 映成 Z_m 中一个确定的元素,记成 $f(a_1, \cdots, a_n)$. 所以要刻画一个 Z_m 上的 n 元函数 $f(x_1, \cdots, x_n)$,我们可以把每个 $(a_1, \cdots, a_n)$ 和它对应的函数取值 $f(a_1, \cdots, a_n)$ 列成一个表格,叫作函数 f 的取值表. 比如当 $m = 2, n = 3$ 时,$Z_2 = \{0, 1\}$ 上的 3 元函数 $f(x_1, x_2, x_3)$ 可表示成

(a_1, a_2, a_3)	$(0,0,0)$	$(0,0,1)$	$(0,1,0)$	$(0,1,1)$
$f(a_1, a_2, a_3)$	$f(0,0,0)$	$f(0,0,1)$	$f(0,1,0)$	$f(0,1,1)$
(a_1, a_2, a_3)	$(1,0,0)$	$(1,0,1)$	$(1,1,0)$	$(1,1,1)$
$f(a_1, a_2, a_3)$	$f(1,0,0)$	$f(1,0,1)$	$f(1,1,0)$	$f(1,1,1)$

两个函数 $f(x_1, \cdots, x_n)$ 和 $g(x_1, \cdots, x_n)$ 叫作是相等的,是指对每个 $(a_1, \cdots, a_n)$,f 和 g 在 $(a_1, \cdots, a_n)$ 的取值均相等,即 $f(a_1, \cdots, a_n) = g(a_1, \cdots, a_n)$. 由于对每个 $(a_1, \cdots, a_n)$,函数取值均有 m 个可能性,而自变量 $(a_1, \cdots, a_n)$ 共有 m^n 个,所以 Z_m 上的 n 元函数一共有 m^{m^n} 个. 比如当 $m = 2$ 时,每个 Z_2 上的 n 元函数 $f : Z_2^n \to Z_2$ 通常叫作 n 元布尔函数. 二元布尔函数 $f = f(x_1, x_2)$ 共有 $2^{2^2} = 16$ 个. 这 16 个二元布尔函

数的取值表为

$f(x_1,x_2)$ 　　　　 $(x_1 x_2)$ f	$(0,0)$	$(0,1)$	$(1,0)$	$(1,1)$
$f_1=0$	0	0	0	0
$f_2=1+x_1+x_2+x_1 x_2$	1	0	0	0
$f_3=x_2+x_1 x_2$	0	1	0	0
$f_4=1+x_1$	1	1	0	0
$f_5=x_1+x_1 x_2$	0	0	1	0
$f_6=1+x_2$	1	0	1	0
$f_7=x_1+x_2$	0	1	1	0
$f_8=1+x_1 x_2$	1	1	1	0
$f_9=x_1 x_2$	0	0	0	1
$f_{10}=1+x_1+x_2$	1	0	0	1
$f_{11}=x_2$	0	1	0	1
$f_{12}=1+x_1+x_1 x_2$	1	1	0	1
$f_{13}=x_1$	0	0	1	1
$f_{14}=1+x_2+x_1 x_2$	1	0	1	1
$f_{15}=x_1+x_2+x_1 x_2$	0	1	1	1
$f_{16}=1$	1	1	1	1

从表中可以看到,每个布尔函数 $f(x_1,x_2)$ 都可表示 x_1 和 x_2 的多项式,例如 $f_7(x_1,x_2)$ 是函数 $f_7(0,0)=f_7(1,1)=0$,$f_7(0,1)=f_7(1,0)=1$,容易验证 x_1+x_2 的取值的 $f_7(x_1,x_2)$ 完全一致,因为 $0+0=1+1=0$,$0+1=1+0=1$(注意在 Z_2 中:$1+1=0$),所以 $f_7(x_1,x_2)=x_1+x_2$.

我们在第 6 节再讲述:给了一个布尔函数 $f(x_1,\cdots,x_n)$ 的取值表,如何把它表示成 $x_1,\cdots,$

x_n 的多项式形式.

Z_m 上一个 n 级的移位寄存器(以下简称为移存器)$SR(f)$(shift-registor)可用图 3 表示,它由两部分组成:

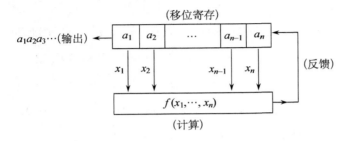

图 3　移位寄存器

(1) 移位寄存部分,可存放 n 位数字,每位数字均属于 $Z_m = \{0, 1, 2, \cdots, m-1\}$.

(2) 计算部分,将移存部分的内容输入,计算 $f(x_1, \cdots, x_n)$ 的值,这里 $f = f(x_1, \cdots, x_n)$: $Z_m^n \rightarrow Z_m$ 是 Z_m 上的 n 元函数,叫作移存器 $SR(f)$ 的反馈函数,再将此函数值反馈到移位部分的最后一位.

移存器的工作情形如下:开始时移存器装入 $(a_1, \cdots, a_n)$,叫作初始状态(如图 3 所示).在下一时刻,这些数字向左移一位,即 $a_n, a_{n-1}, \cdots, a_2$ 分别移到 $a_{n-1}, a_{n-1}, \cdots, a_1$ 的位置上,将 a_1 输出,与

029

此同时,计算 $a_{n+1} = f(a_1, a_2, \cdots, a_1)$,并且把 a_{n+1} 反馈到移存部分的最后一位处,所以这时移存器的状态为 $(a_2, a_3, \cdots, a_{n+1})$. 类似地,再下一时刻,$a_2$ 输出,$a_3, \cdots, a_{n+1}$ 分别向左移一位,同时计算 $a_{n+2} = f(a_2, a_3, \cdots, a_{n+1})$,并且把 a_{n+2} 反馈,于是移存器的状态成为 $(a_2, a_3, \cdots, a_{n+1}, a_{n+2})$. 如此不断继续下去,移存器便输出(或叫产生)$Z_m$ 上一个序列 $a_1, a_2, a_3, \cdots, a_n, a_{n+1}, \cdots$,其中

$$a_{n+i} = f(a_i, a_{i+1}, \cdots, a_{i+n-1}) \quad (i = 1, 2, 3, \cdots).$$

例 5.1 取 $Z_3 = \{0, 1, 2\}$,$f(x_1, x_2) = x_1 + x_2 + 1$,下面是以 f 为反馈函数的 2 级移存器.

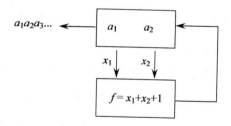

取初始状态 $(a_1, a_2) = (0, 0)$,则

$a_3 = f(a_1, a_2) = f(0, 0) = 0 + 0 + 1 = 1$,

$a_4 = f(a_2, a_3) = f(0, 1) = 0 + 1 + 1 = 2$,

$a_5 = f(a_3, a_4) = 1 + 2 + 1 = 1$(模 3 加法运算),$\cdots$

便得到序列($a_{n+2} = a_{n+1} + a_n + 1$)

$$a_1 a_2 \cdots = 001211020012110200 \cdots. \quad (*)$$

从初始状态 $(0,0)$ 经过 8 步又出现初始状态 $(0,0)$，所以它们的后边都应为 $f(0,0)=0+0+1=1$，即它们的下一状态都是 $(0,1)$。于是再下面的数字又均为 $f(0,1)=0+1+1=2$。这就表明，以 $(0,0)$ 为初始状态，这个移存器生成周期长度为 8 的周期序列 $(0012110\dot{2})$。

如果初始状态为 (01)，因为 (01) 是序列 $(*)$ 的第二个状态，所以生成的序列就是将 $(*)$ 中去掉第一位．而得到的序列 $0121102001211020\dot{0}1\cdots=(0\dot{1}21102\dot{0})$ 这个序列叫作与序列 $(*)$ 平移等价．周期序列 $(*)$ 中共出现 8 个不同的状态：(00)，(01)，(12)，(21)，(11)，$(10)(02)$ 和 (20)。以这 8 个不同状态中任意一个作为初始状态，生成的序列都是与 $(*)$ 平移等价的序列，即将 $(*)$ 分别去掉 0 位，1 位，$\cdots$，7 位而得到的序列，它们的周期长度均为 8。

Z_3 上长为 2 的状态 (a_1,a_2) 共有 $3^2=9$ 个可能．除了上述 8 个状态之外，还剩下 $(a_1,a_2)=(2,2)$。以它为初始状态，这个移存器生成周期长度为 1 的序列：$2222\cdots=(\dot{2})$，这是由于 $f(2,2)=2+2+1=2$。

如果把反馈函数改成

$$f(x_1,x_2)=1+2x_1+x_2+2x_2^2+2x_1x_2^2,$$

从初始状态(0,0)开始,后面的状态依次为

$$(0,0),(0,1),(1,1),(1,2),(2,0),(0,2),$$
$$(2,2),(2,1),(1,0),(0,0),\cdots,$$

其中前 9 个状态彼此不同,下一个状态又回到原始状态(0,0)所以生成周期序列(周期长度为 9),它的前 9 位即是由前 9 个状态的第 1 位组成的(001120221).生成的序列为($\dot0$011202$\dot2$1).由于全部 9 个状态在此序列中均出现,可知从任意初始状态出发,生成的序列都是上述序列的平移,从而周期长度均为 9.换句话说,这个移存器生成的序列是 9 个彼此平均等价的周期序列,周期长度均为 9.

例 5.2 取 $Z_2=\{0,1\}$(加法为模 2 相加:$1+1=0$).考虑 Z_2 上以 $f(x_1,x_2,x_3)=1+x_1+x_2+x_2x_3$ 为反馈函数的 3 级移存器.以(0,0,0)为初始状态,生成周期长度为 8 的二元序列($\dot0$0011$\dot1$01)8 个可能的状态(0,0,0),(0,0,1),(0,1,1),(1,1,1),(1,1,0),(1,0,1),(0,1,0),(1,0,0)均出现.所以这个移存器生成的序列是($\dot0$001110$\dot1$)的 8 个平移等价序列.

如果取反馈函数 $f(x_1, x_2, x_3) = x_3$，则以 $(0, 0, 1)$ 为初始状态，生成序列 $(00111\cdots) = (00\overset{\cdot}{1})$，这是从第 3 位开始重复的周期序列.

从以上例子可知：

(1) Z_m 上的 n 级移存器产生的序列都是周期序列，这是由于 Z_m 上长为 n 的状态共有 m^n 个. 从初始状态出发，连续 $m^n + 1$ 个状态当中必有两个状态相等，于是它们后面的数字也都一样，所以周期性地重复.

(2) Z_m 上 n 级移存器产生的周期序列，其周期长度 $\leqslant m^n$，这是由于 (1) 中所述两个相同状态相差的步数 $\leqslant m^n$. 进而，序列的周期长度为最大值 m^n，当且仅当从初始状态开始连续 m^n 个状态彼此不同，而下一状态又回到初始状态.

Z_m 上 n 级移存器生成的最大周期长度 m^n 的序列，最适合于用来作为维吉尼亚密码中的密钥. 目前采用 Z_2 上移存器，级数 n 一般在 30 以上，生成 2 元周期序列的周期长度 $\geqslant 2^{30}$. 这种序列在保密通信中很重要，所以给它一个名称.

定义 5.3 $m \geqslant 2$，Z_m 上一个周期长度为 m^n 的周期序列

$$A = (\overset{\cdot}{a}_1 a_2 \cdots \overset{\cdot}{a}_{m^n})$$

叫作是 m 元的 n 级 M 序列，是指长为 n 的连续

033

m^n 个状态

$$(a_1 a_2 \cdots a_n), (a_2 a_3 \cdots a_{n+1}), \cdots, (a_{m^n}, a_0 \cdots a_{n-1})$$

彼此不同(从而恰好是所有可能的 m^n 个状态).

比如在前面例 5.1 中,Z_3 上以 $f(x_1, x_2) = 1 + 2x_1 + x_2 + 2x_2^2 + 2x_1 x_x^2$ 为反馈函数的 2 级移存器,生成 3 元 2 级 M 序列 $(00\dot{1}12022\dot{1})$ 和它的平移等价 M 序列.例 5.2 中 Z_2 上以 $f(x_1, x_2, x_3) = 1 + x_1 + x_2 + x_2 x_3$ 为反馈函数的 3 级移存器生成 2 元 3 级 M 序列 $(0001110\dot{1})$ 和它的平移等价 M 序列.

M 序列除了周期长度 m^n 最大之外,它还有下面所述的很好的统计平衡特性.所以作为密钥破译比较困难.

定理 5.4 设 $(\dot{a}_1 a_2 \cdots \dot{a}_{m^n})$ 是 m 元 n 级 M 序列.则 $a_1, a_2, \cdots, a_{m^n}$ 当中每个 $a \in Z_m = \{0, 1, 2, \cdots, m-1\}$ 都出现 m^{n-1} 次.在 $a_1 a_2, a_2 a_3, \cdots, a_{m^n-1} a_{m^n}, a_{m^n} a_1$ 这 m^n 个二位数组当中,每个 $ab(a, b \in Z_m)$ 都恰好出现 m^{n-2} 次.一般地,对每个 $l(1 \leqslant l \leqslant n)$,在 $a_1 a_2 \cdots a_l, a_2 a_3 \cdots a_{l+1}, \cdots, a_{m^n} a_1 \cdots a_{l-1}$ 这 m^n 个 l 位数组当中,每个可能的 $b_1 b_2 \cdots b_l (b_1, \cdots, b_l \in Z_m)$ 都恰好出现 m^{n-l} 次.

证明 我们知道(根据定义),$a_1 a_2 \cdots a_n$,

$a_2a_3\cdots a_{n+1},\cdots,a_{m^n}a_1\cdots a_{n-1}$ 恰好是 m^n 个不同的状态. 对于每个 $l(1\leqslant l\leqslant n)$，$a_1\cdots a_l,a_2\cdots a_{l+1},\cdots,a_{m^n}a_1\cdots a_{l-1}$ 恰好分别是这 m^n 个不同状态的前 l 位数字，对于每个 $b_1b_2\cdots b_l(b_1,\cdots,b_l\in Z_m)$，以 $b_1b_2\cdots b_l$ 开头的状态 $b_1b_2\cdots b_l x_{l+1}\cdots x_n$ 共有 m^{n-l} 个可能，因为 $n-l$ 个 $x_{l+1},\cdots,x_n$ 在 Z_m 中选取方式共有 m^{n-l} 个，所以在 m^n 个不同状态中以 $b_1b_2\cdots b_l$ 开头的状态共 m^{n-l} 个，于是 $a_1\cdots a_l,a_2\cdots a_{l+1},\cdots,a_{m^n}a_1\cdots a_{l-1}$ 当中为 $b_1b_2\cdots b_l$ 的共出现 m^{n-l} 次. 这就证明了定理.

比如对于 2 元 3 级 M 序列 (00011101)，在 0,0,0,1,1,1,0,1 当中 0 和 1 各出现 4 次，在 00,00,01,11,11,10,01,10 当中，00,01,10,11 各出现 2 次，而 000,001,011,111,110,101,010,100 当中每种状态各出现 1 次.

M 序列具有大的周期长度和优良的统计平衡特性，并且容易由移存器产生，所以直到现在仍然是加密的基本手段，将明文序列加上一个 M 序列 (密钥) 变为密文，这种加密方式叫作流密码体制.

于是，自然要问一些问题：对于每个 $m,n\geqslant 2$，m 元 n 级 M 序列是否一定存在？如果存在，其个数是多少(作为流密码的密钥,我们希望有很多M序列,可以更换密钥)？如何寻求移存器的反馈函数 f,使移存器生成 M 序列？

这些都是流密码学中的重要问题. 以下两小节讨论这些问题,其答案是密码学家所满意的.

习 题 五

Z_3 上以下列 $f(x_1,x_2,x_3)$ 为反馈函数的 3 级移存器可产生何种 3 元序列？

(1) $f(x_1,x_2 x_3)=x_2+x_3$,

(2) $f(x_1,x_2,x_3)=1+x_1+2x_2x_3$.

6 *M* 序列与图论——周游世界和一笔画

寻求 *M* 序列主要有两种方法. 一种是代数方法, 这需要抽象代数中较多的知识. 另一种是图论的方法. 我们这里只介绍图论方法, 这种方法通俗易懂, 并且还与图论中两个有趣的问题相联系.

一个图 G 由两部分组成: 有很多个顶点组成的顶点集合以及一些顶点之间相连的弧组成的弧集合. 如图 4 即是一个图, 它有 5 个顶点: 1, 2, 3, 4, 5. 顶点 1 到 2 有一条弧, 表示成 $\overrightarrow{12}$ 或者 1→2, 1 和 2 分别叫此弧的起点和终点. 可允许顶点到自身引一条弧, 如 $\overrightarrow{11}$. 也允许顶点之间引两条不同方向的弧, 如 $\overrightarrow{52}$ 和 $\overrightarrow{25}$. 这种图更确切的名称叫作有向图,因为每条弧都有方向.

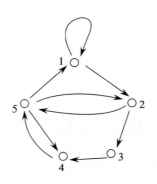

图 4 （有向）图

图论中有许多有趣的问题,这些问题最初大都是一种智力游戏. 但后来发现其中许多问题有实际应用. 与 M 序列有关的是以下两个图论问题.

（Ⅰ）哈密顿（Hamilton）周游世界问题. 1895 年,英国数学家哈密顿发明一种游戏,把一个正 12 面体的 20 个顶点分别标上北京、东京、纽约等 20 个城市的名称. 要求从某个城市出发,沿着正 12 面体的棱通过每个城市恰好各一次,最后回到原来的城市. 这种游戏在欧洲曾经风靡一时,哈密顿以 25 个金币的高价把该项发明的专利卖给一家玩具商.

用图论语言,每个城市为图的一个顶点,共

有 20 个顶点. 两个城市之间有棱相连,便在图
中两个对应顶点之间联一条边. 图 5 就是正 20
面体和由它所画的图. 不过这里是无向图,边是
没有方向的,两种方向都可以走. 而有向图中的
弧 $\overrightarrow{AB}$ 则是从 A 到 B 的"单行路".

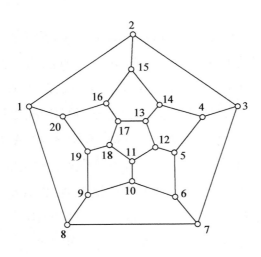

图 5 周游世界问题的图

一般地,给了一个有向图(或无向图),如果
从某个顶点出发,沿着弧(或边)访问每个顶点
恰好一次,最后回到原来顶点,这叫作图的一条
哈密顿回路. 比如图 4 中从顶点 1 出发,顺次沿
弧 $\overrightarrow{12}, \overrightarrow{23}, \overrightarrow{34}, \overrightarrow{45}, \overrightarrow{51}$ 访问顶点 2,3,4,5 之后又回
到 1,就是图 4 中的一条哈密顿回路,在图 5 中

由城市1到2,3,…,20再回到1,就是图5中的一条哈密顿回路.给了一个图,决定它是否有哈密顿回路,如何计算这种回路的个数,以及是否有办法把它们全都找出来,是一个重要的图论问题.

(Ⅱ)欧拉七桥问题.1736年,欧拉所住城市哥尼斯堡(Konigsberg)有图6(a)所示的七座桥.欧拉在他的第一篇图论文章中问:从 A,B,C,D 这四块地的某处出发,能否通过每座桥恰好一次再回到原地? 欧拉的答案是:不能.他把 $A,B,C,$ D 四块地看成图的四个顶点,两块土地之间的桥看成是联接对应顶点的边.就得到图6(b)无向图.现在的问题成为:能否从某个顶点出发,经过每条边恰好一次之后再回到原来顶点?

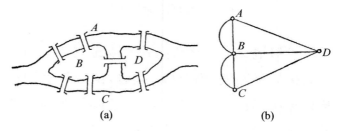

(a)   (b)

图 6

一般来说,给了一个有向或无向图. 如果从某个顶点出发,顺次走遍图中所有的弧(或边),最后又回到原来顶点,这叫作该图的一条欧拉回路. 一个图是否有欧拉回路,如何寻找欧拉回路以及计算欧拉回路的个数,也是图论中一个重要问题.

哈密顿回路和欧拉回路是不同的,前者要求过每个顶点恰好一次,不要求每条弧(或边)都走遍. 而后者要求每条弧(或边)恰好经过一次,顶点可以重复访问. 形象地说,欧拉回路是以一个顶点出发不间断地把图一笔画完再回到原来顶点,其中每条弧(或边)不许遗漏也不许重复. 所以这也叫作"一笔画问题".

为了说明 M 序列与图论的关系,我们要构作一种特殊的有向图. 设 $m, n \geqslant 2$,$Z_m = \{0, 1, \cdots, m-1\}$,如下构作有向图 $G_n(m)$. 将每个状态 $(b_1, \cdots, b_n)$($b_i \in Z_m$)看成是一个顶点,从而共有 m^n 个顶点. 进而,对于两个顶点 $B = (b_1, \cdots, b_n)$ 和 $C = (c_1, \cdots, c_n)$,如果 B 的后 $n-1$ 位依次为 C 的前 $n-1$ 位,即

$$(b_2, b_3, \cdots, b_n) = (c_1, c_2, \cdots, c_{n-1})$$

(也就是 $b_2 = c_1, b_3 = c_2, \cdots, b_n = c_{n-1}$),

则图中便引一条弧 $B \rightarrow C$,并且还把这条弧加上一个标记,即这条弧叫作是 $\overrightarrow{BC} = (b_1b_2\cdots b_nc_n) = (b_1c_1c_2\cdots c_n)$. 对于 $m=2, Z_2=\{0,1\}$,图 7 画出有向图 $G_1(2), G_2(2)$ 和 $G_3(2)$(其中 $G_3(2)$ 中弧的记号没有标出来).

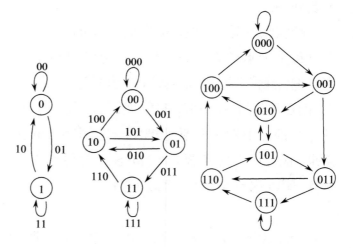

图 7　有向图 $G_1(2), G_2(2)$ 和 $G_3(2)$

对于一个 m 元 n 级 M 序列

$$(a_1a_2\cdots a_l) \qquad (a_i \in Z_m, l=m^n),$$

由 M 序列的定义知道,l 个连续状态

$$(a_1a_2\cdots a_n), (a_2a_3\cdots a_{n+1}), \cdots, (a_la_1\cdots a_{n-1})$$

恰好是图 $G_n(m)$ 的 $l=m^n$ 个(全部)不同的顶点. 而任意两个相邻的状态(比如 $A = (a_1a_2\cdots$

a_n)和 $B=(a_2\cdots a_n a_{n+1})$），前面状态的后 $n-1$ 位分别是后面状态的前 $n-1$ 位，所以在图 $G_n(m)$ 中恰好有一条弧 $\overrightarrow{AB}$。M 序列要求连续 l 个状态过图 $G_n(m)$ 中每个顶点恰好一次，又回到原来的状态（顶点）．所以，一个 m 元 n 级 M 序列恰好对应于有向图 $G_n(m)$ 中一条哈密顿回路．从而 m 元 n 级 M 序列的个数（彼此平移等价的 M 序列看成是 1 个序列）恰如等于图 $G_n(m)$ 中哈密顿回路的个数．

以图 $G_2(2)$ 为例，此图中有一条哈密顿回路

$$(00)\to(01)\to(11)\to(10)\to(00).$$

它给出状态依次为 $(00),(01),(11),(10)$ 的 2 元 2 级 M 序列 $(\dot0\dot011)$．又如在图 $G_3(2)$ 中有哈密顿回路

$$(000)\to(001)\to(011)\to(111)\to(110)\to$$
$$(101)\to(010)\to(100)\to(000),$$

从而给出 2 元 3 级 M 序列 $(\dot000111\dot01)$．

另一方面，图 $G_n(m)$ 共有 m^n 个顶点．从每个顶点 $(b_1 b_2\cdots b_n)$ 出发均可引出标记为 $(b_1,b_2\cdots b_n c)$ 的 m 条弧到顶点 $(b_2\cdots b_n c)$，其中 $c=0,1,\cdots,m-1$．从而图 $G_n(m)$ 中共有 $m^n\cdot m=m^{n+1}$

条弧. 每个 $(b_1b_2\cdots b_{n+1})$ 都恰好是图 $G_n(m)$ 的一条弧, 起点和终点分别为 $(b_1\cdots b_n)$ 和 $(b_2\cdots b_{n+1})$. 进而, 若弧 $(b_1b_2\cdots b_{n+1})$ 和弧 $(c_1c_2\cdots c_{n+1})$ 相连, 则弧 $(b_1b_2\cdots b_{n+1})$ 的终点 $(b_2\cdots b_{n+1})$ 必须是弧 $(c_1c_2\cdots c_{n+1})$ 的起点 $(c_1\cdots c_n)$, 这相当于 $(b_2\cdots b_{n+1})=(c_1\cdots c_n)$. 这样一来, 如果在图 $G_n(m)$ 中画出一条欧拉回路, 相当于每个长为 $n+1$ 的状态 $(b_1b_2\cdots b_{n+1})$ 各走一次 (即 $G_n(n)$ 的 m^{n+1} 条弧各走一次). 并且前一个状态的后 n 位等于后一个状态的前 n 位. 这正好相当于给出了一个 m 元 $n+1$ 级 M 序列! 所以, 图 $G_n(m)$ 中欧拉回路对应于 m 元 $n+1$ 级 M 序列, 从而图 $G_n(m)$ 中欧拉回路的个数等于 m 元 $n+1$ 级 M 序列的个数.

比如说图 $G_2(2)$ 中有如下一条欧拉回路, 它的 8 条弧为

$(000)\to(001)\to(011)\to(111)\to(110)\to$

$(101)\to(010)\to(100)\to(1000)$,

依次取出这些弧的第 1 位数字, 便给出 2 元 3 级 M 序列 (00011101).

又比如, 图 8 为有向图 $G_1(3)$ $(n=1, m=3)$. 它有如下的一条欧拉回路,

$(00)\to(01)\to(11)\to(12)\to(22)\to(20)\to$

$(02)\to(21)\to(10)$,

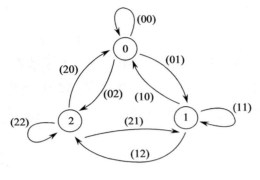

图 8　$G_1(3)$

于是给出 3 元 2 级 M 序列(00112 2021),事实上,这个有向图共有 24 条欧拉回路,所以 3 元 2 级 M 序列共有 24 个.

我们说过,对于一般的有向图,计算其中哈密顿回路的个数是非常困难的.但是对于有向图 $G_n(m)$,它的哈密顿回路个数(即图 $G_{n-1}(m)$ 中欧拉回路的个数)可以用巧妙的代数方法计算出来,这个数为

$$[(m-1)!]^{m^{n-1}} m^{m^{n-1}-n}.$$

由上面所述,可知这正是 m 元 n 级 M 序列的个数.比如,对 $m=2$,这个数(即 2 元 n 级 M 序列的个数)为 $N_n=2^{2^{n-1}-n}$. 于是

$N_2=1$(2 元 2 级 M 序列只有(1100)),

$N_3 = 2^{2^2-3} = 2$(2 元 3 级 M 序列有

$(000111\dot{0}\dot{1})$和(11100010)),

$$N_4 = 2^4 = 16, N_5 = 2^{16-5} = 2^{11}, N_6 = 2^{26}, \cdots.$$

目前,使用的 2 元 M 序列,其级数在 30 以上,即 $n \geqslant 30$. 这时有非常多的 M 序列作为密钥,供使用者选用和更换.

习 题 六

你能否求出全部 3 元 2 级 M 序列和 2 元 4 级 M 序列?

7

M 序列的实现——费马小定理和布尔函数多项式表达式

在上一节,由图 $G_n(m)$ 的一条哈密顿回路可得到一个 m 元 n 级的 M 序列. 一个工程师关心的是:如何找到一个 n 级移存器生成这个序列? 也就是说,生成这个 M 序列的移存器反馈函数是什么?

设 $(\dot{a}_1 a_2 \cdots \dot{a}m^n)$ 是一个 m 元 n 级 M 序列,其中 $a_i \in Z_m = \{0, 1, \cdots, m-1\}$. 如果 $f(x_1, \cdots, x_n)$ 是生成这个 M 序列的移存器的反馈函数,那么对于移存器的每个状态 $(a_i, a_{i+1}, \cdots, a_{i+n-1})$,将它作为 f 的自变量取值,函数值应当是 a_{i+n},即

$$f(a_i, a_{i+1}, \cdots, a_{i+n-1}) = a_{i+n}$$
$$(i = 1, 2, 3, \cdots, m^n) \quad (*)$$

由于$(a_i, a_{i+1}, \cdots, a_{i+n-1})(1 \leqslant i \leqslant m^n)$这$m^n$个状态恰好是$m^n$个不同的可能状态,所以(＊)式也就是函数$f: Z_m^n \to Z_m$的取值表,即完全决定了反馈函数$f$. 我们的问题是希望给出$f$的一个好的表达式,使得对每个状态$(b_1, b_2, \cdots, b_n)$,函数值$f(b_1, \cdots, b_n)$能用简单的代数运算(即$Z_m$中的模$m$加减乘运算)或逻辑运算求出来. 一个自然的想法是:$f(x_1, \cdots, x_n)$能否表示或$x_1, x_2, \cdots, x_n$的多项式?

让我们先考虑$m=2$,即n元布尔函数的情形. 这时Z_2只有两个元素0和1,容易看出对每个整数$a, a^2 \equiv a \pmod 2$. 所以在Z_2中这可写成$a^2 = a$. 也就是说,函数x^2和x是由Z_2到Z_2的同一个函数. 所以$x_1^3 + x_1 x_2^2$和$x_1 + x_1 x_2$是同样的2元布尔函数,因为$x_1^3 = x_1^2 = x, x_1 x_2^2 = x_1 x_2$. 所以若$n$元布尔函数$f(x_1, \cdots, x_n)$能表成$x_1, \cdots, x_n$的多项式形式,那么$x_1^n(n \geqslant 1)$都可改成$x_1$. 即多项式中对于每个$x_i$的次数均不超过1. 现在我们证明每个$n$元布尔函数确实都可表成这种多项式形式.

定理 7.1 每个n元布尔函数$f(x_1, \cdots, x_n); Z_2^n \to Z_2$均可表示成如下的多项式:

$$f(x_1,\cdots,x_n)=\sum_{(b_1,\cdots,b_n)\in Z_2^n} f(b_1,\cdots,b_n)$$
$$\cdot (x_1+b_1+1)(x_2+b_2+1)$$
$$\cdots\cdot (x_n+b_n+1). \qquad (7.1)$$

这是关于 $x_1,\cdots,x_n$ 的多项式(系数属于 Z_2),并且对每个 x_i 的次数均不超过 1. 进而,每个 n 元布尔函数表成这种多项式的表法是唯一的.

证明 先证(7.1)式的正确性. 我们要证对每个 $(a_1,\cdots,a_n)\in Z_2^n$,将(7.1)式右边代入 $x_1=a_1,\cdots,x_n=a_n$ 之后,求和式计算出来的值均为 $f(a_1,\cdots,a_n)$. 也就是说,要证明

$$\sum_{(b_1,\cdots,b_n)\in Z_2^n} f(b_1,\cdots,b_n)(a_1+b_1+1)\cdots$$
$$\cdot (a_n+b_n+1) \qquad (7.2)$$

应当为 $f(a_1,\cdots,a_n)$. 由于是模 2 运算,可知当 $(b_1,\cdots,b_n)=(a_1,a_2,\cdots,a_n)$(即 $b_1=a_1,\cdots,b_n=a_n$)时,

$$(a_1+b_1+1)\cdots(a_n+b_n+1)$$
$$=(a_1+a_1+1)\cdots(a_n+a_n+1)$$
$$=1\cdot 1\cdots\cdot 1=1.$$

否则,则至少有一个 $i(l\leqslant i\leqslant n)$,使得 $b_i\neq a_i$,即 $b_i=a_i+1$,于是 $(a_i+b_i+1)=a_i+a_i+1+1=0$,从而 $(a_1+b_1+1)\cdots(a_n+b_n+1)=0$. 这表明:在(7.2)式里对 Z_2^n 中所有 $(b_1,\cdots,b_n)$ 求和时,除了

$(b_1, \cdots b_n) = (a_1, \cdots, a_n)$ 之外,其余项均为 0. 于是只剩下 $(b_1, \cdots, b_n)$ 取 $(a_1, \cdots, a_n)$ 的一项,从而值为 $f(a_1, \cdots, a_n)(a_1 + a_1 + 1) \cdots (a_n + a_n + 1) = f(a_i, \cdots, a_n)$. 这样证明了 (7.1) 式的正确性.

(7.1) 式的右边是 $x_1, \cdots, x_n$ 的多项式,并且对每个 x_i, x_i 的次数均不超过 1. 这样的单项式只有

$$1, x_1, \cdots, x_n, x_1 x_2, \cdots, x_1 x_n, x_2 x_3, \cdots,$$
$$x_{n-1} x_n, x_1 x_2 x_3, \cdots, x_1 x_2 x_3 \cdots x_n.$$

即单项式有形式 $x_1^{l_1} x_2^{l_2} \cdots x_n^{l_n}$,其中每个 l_i 均取 0 或 1. 从而这样的单项式共有 2^n 个. 而多项式是这 2^n 个单项式相加:

$$f = \sum_{l_1, \cdots, l_n} c_{l_1, \cdots, l_n} x_1^{l_1} \cdots x_n^{l_n}, \qquad (7.3)$$

其中每个 l_i 均取 0 或 1,每个系数 c_{l_1} 为 Z_2 中的 0 或 1. 共有 2^n 个这样的系数. 所以这样的表达式 (7.3) 共有 2^{2^n} 个. 我们已经知道 n 元布尔函数共有 2^{2^n} 个. 上面已证每个布尔函数均可表成 (7.3) 形式,而表达式 (7.3) 也恰有 2^{2^n} 个可能,这就说明每个 n 元布尔函数表成 (7.3) 多项式形式是唯一的,证毕.

例 7.2 设 2 元布尔函数 $f(x_1, x_2): Z_2^2 \to$

Z_2 的取值表为

$$f(0,0) = 1, f(1,0) = 0,$$
$$f(0,1) = 1, f(1,1) = 1,$$

将它表成多项式形式.

我们可以利用公式(7.1). 由于 $f(1,0) = 0$,所以求和式中只有 $(b_1,b_2) = (0,0),(0,1)$ 和 $(1,1)$ 三项. 于是

$$\begin{aligned}
f(x_1,x_2) &= (x_1+1)(x_2+1) + (x_1+0+1) \\
&\quad \cdot (x_2+1+1) + (x_1+1+1) \\
&\quad \cdot (x_2+1+1) \\
&= (x_1+1)(x_2+1) + (x_1+1)x_2 \\
&\quad + x_1 x_2 \\
&= (x_1+1)(x_2+x_2+1) + x_1 x_2 \\
&= 1 + x_1 + x_1 x_2.
\end{aligned}$$

在第 4 节我们列出全部 16 个 2 元布尔函数,并且给出了它们的多项式表达式. 例 7.2 中的函数即是其中的 f_{12}.

除了多项式表达式之外,在工程中还有一种逻辑表达式,它由三种逻辑运算组成:"与"门、"或"门和"非"门.

"或"门是 2 元布尔函数,表示成 $x_1 \vee x_2$. 当 x_1 和 x_2 至少有一个为 1 时,取值为 1. 而当 $x =$

$x_2 = 0$ 时取值为 0. 即它的真值表为 $f(0,1) = f(1,0) = f(1,1) = 1, f(0,0) = 0.$ 用(7.1)式可算出它的多项式表示为 $x_1 \vee x_2 = x_1 + x_2 + x_1 x_2.$

"与"门表示成 $x_1 \wedge x_2$. 当 $x_1 = x_2 = 1$ 时取值为 1,否则取值 0. 于是 $x_1 \wedge x_2 = x_1 x_2.$

"非"门是 1 元布尔函数,表示成 $\bar{x}$,当 x 为 0 时 $\bar{x} = 1$,而当 $x = 1$ 时 $\bar{x} = 0.$ 于是 $\bar{x} = x + 1.$

例 7.2 中的布尔函数 $f(x_1, x_2) = 1 + x_1 + x_1 x_2$ 可以表成逻辑运算形式:

$$1 + x_1 + x_1 x_2 = \overline{x_1 + x_1 x_2} = \overline{x_1 \wedge (1 + x_2)}$$
$$= \overline{x_1 \wedge \bar{x_2}}.$$

所以需要做三次逻辑运算,就可算出值来,但是 $\bar{x_1} \vee x_2 = (x_1 + 1) + x_2 + (x_1 + 1) x_2 = 1 + x_1 + x_1 x_2$,所以也可只用两个逻辑运算.

例 7.3 求生成 2 元 3 级 M 序列 (00011101)的移存器反馈函数.

解 反馈函数 $f(x_1, x_2, x_3)$ 应当满足 $f(a_i, a_{i+1}, a_{i+2}) = a_{i+3} (i = 1, 2, \cdots, 8).$ 即它的真值表为

$$f(000) = f(001) = f(011) = f(110) = 1,$$
$$f(010) = f(100) = f(101) = f(111) = 0.$$

由公式(7.1),

$f(x_1, x_2, x_3)$

$= (x_1 + 1)(x_2 + 1)(x_3 + 1) + (x_1 + 1)$

$\cdot (x_2 + 1)x_3 + (x_1 + 1)x_2 x_3 + x_1 x_2 (x_3 + 1)$

$= (x_1 + 1)(x_2 + 1) + x_2 x_3 + x_1 x_2$

$= 1 + x_1 + x_2 + x_2 x_3.$

现在我们讨论更一般的情形: m 为素数 p. 我们要证明: 每个函数 $f(x_1, \cdots, x_n) : Z_p^n \to Z_p$ 也可以表为 $x_1, \cdots, x_p$ 的多项式形式. 为了证明这件事, 我们需要初等数论中的一个著名结果: 费马小定理.

费马(Fermat, 1601～1665)是法国著名的数论学家. 大家知道他在 1637 年提出的费马猜想: 对每个整数 $n \geqslant 3$, 方程 $x^n + y^n = z^n$ 没有正整数解 (x, y, z). 这个猜想于 1994 年被怀尔斯(Andre Wiles)所证明. 实际上, 费马还提出了许多数论猜想. 正是这些猜想引起欧拉对数论的兴趣. 大数学家欧拉和高斯对费马这些猜想的深入研究, 发展出关于整除性和整数同余性的完整而系统的理论, 形成初等数论这门学问, 并且对后来数论发展起到深远的影响.

下面是费马的一个猜想, 这个猜想不仅被欧拉证明, 而且还被做了推广.

费马小定理 设 p 为素数. 则对每个与 p 互素的整数 a, a^{p-1} 被 p 除的余数为 1, 即 $a^{p-1} \equiv 1 (\bmod p)$.

证明 考虑 p 个整数 $0 \cdot a = 0, a, 2a, \cdots, (p-1)a$. 我们来证这 p 个整数彼此模 p 不同余. 如果对于 $0 \leqslant i, j \leqslant p-1$ 有 $ia \equiv ja (\bmod p)$, 即 $p | ia - ja = (i-j)a$. 但是已假定 p 和 a 互素, 即 p 不整除 a. 则素数 p 必整除 $i-j$. 由 $0 \leqslant i, j \leqslant p-1$ 可知必然 $i = j$. 这就表明 p 个整数 $ia (0 \leqslant i \leqslant p-1)$ 模 p 彼此不同余, 所以若不计次序, 它们各自模 p 同余于 $0, 1, 2, \cdots, p-1$. 由于 $0 \cdot a = 0$, 从而 $ia (1 \leqslant a \leqslant p-1)$ 模 p 各自同余于 $1, 2, \cdots, p-1$. 于是

$$1 \cdot 2 \cdots (p-1) \equiv a \cdot 2a \cdots (p-1)a$$
$$\equiv a^{p-1} 1 \cdot 2 \cdots (p-1)(\bmod p),$$

即 $p | (a^{p-1} - 1) \cdot (p-1)!$. 但是 $(p-1)!$ 与 p 互素, 所以 $p | (a^{p-1} - 1)$, 这就证明了当 $(a, p) = 1$ 时,

$$a^{p-1} \equiv 1 (\bmod p).$$

我们将在第 10 节讲述欧拉的推广.

费马小定理还可叙述成:若 p 为素数,则对每个正整数 a, $a^p \equiv a (\bmod p)$. 这是由于当 $(a, p) =$

1 时, $a^{p-1}\equiv1(\bmod p)$, 同余式两边同乘以 a 即得 $a^p\equiv a(\bmod p)$. 当 $(a,p)\neq1$ 时, $p\mid a$, 于是 $a^p\equiv0\equiv a(\bmod p)$. 将此化成同余类环 Z_p 中的语言(模 p 同余的不同整数 $a\equiv b(\bmod p)$ 在 Z_p 中看成同一个元素: $a=b$). 便有: 对每个整数 a , 在 Z_p 中 $a^p=a$. 所以 x^p 和 x 是从 Z_p 到 Z_p 的同一个函数. 这表明: 如果 $f(x_1,\cdots,x_n):Z_p^n\to Z_p$ 可表成 $x_1,\cdots,x_n$ 的多项式(系数属于 Z_p), 则每个 x_i 的次数都可不超过 $p-1$. 我们现在证明每个 f 都可唯一地表示成这种多项式.

定理 7.4 设 p 为素数. 则每个 $f(x_1,\cdots,x_n):Z_p^n\to Z_p$ 都可表示成:

$$f(x_1,\cdots,x_n)=\sum_{(b_1,\cdots,b_n)\in Z_p^n}f(b_1,\cdots,b_n)$$
$$\cdot[1-(x_1-b_1)^{p-1}]\cdots$$
$$\cdot[1-(x_n-b_n)^{p-1}]$$

$$(7.4)$$

所以 f 可表成 $x_1,\cdots,x_n$ 的多项式, 并且这个多项式对每个 x_i 的次数均不超过 $p-1$. 进而, $f(x_1,\cdots,x_n)$ 表成这种多项式有唯一的形式, 即不同的这种多项式是不同的函数.

证明 由费马小定理可知, 在 Z_p 中

$$(1-(x_i-b_i)^{p-1}) = \begin{cases} 1, \text{如果 } x_i = b_i, \\ 0, \text{如果 } x_i = a_i, \text{而 } a_i \neq b_i, \end{cases}$$

于是

$$[1-(x_1-b_1)^{p-1}] \cdots [1-(x_n-b_n)^{p-1}]$$

$$= \begin{cases} 1, \text{如果}(x_1,\cdots,x_n) = (b_1,\cdots,b_n), \\ 0, \text{如果}(x_1,\cdots,x_n) = (a_1,\cdots,a_n) \neq (b_1,\cdots,b_n), \end{cases}$$

所以当$(x_1,\cdots,x_n) = (a_1,\cdots,a_n)$时,(7.4)式右边求和除了$(b_1,\cdots,b_n) = (a_1,\cdots,a_n)$之外,其余诸项均为 0. 从而(7.4)式右边等于

$$\sum_{(b_1,\cdots,b_n) \in Z_p^n} f(b_1,\cdots,b_n)(1-(a_1-b_1)^{p-1}) \cdots$$

$$(1-(a_n-b_n)^{p-1}) = f(a_1,\cdots,a_n)$$

即(7.4)式两边在每个$(x_1,\cdots,x_n) = (a_1,\cdots,a_n)$处取值均相同,从而是同一个函数.

进而,单项式 $x_1^{l_1} \cdots x_n^{l_n} (0 \leq l_i \leq p-1)$ 共有 p^n 个. 由它们组成的多项式共有 p^{p^n} 个(p^n 个系数,每个系数属于 Z_p)而函数 $f: Z_p^n \to Z_p$ 也恰好有 p^{p^n} 个. 这就证明了定理中所述的唯一性.

例 7.5 求生成 3 元 2 级 M 序列 (001122021)的移存器反馈函数 $f(x_1,x_2)$: $Z_3^2 \to Z_3$.

解 这个函数的取值表为

$$f(21) = f(10) = f(2,2) = 0,$$

$$f(00) = f(01) = f(02) = 1,$$
$$f(11) = f(12) = f(20) = 2.$$

由公式(7.4)给出

$f(x_1, x_2)$

$$= (1 - x_1^2)(1 - x_2^2)$$
$$+ (1 - x_1^2)(1 - (x_2 - 1)^2)$$
$$+ (1 - x_1^2)(1 - (x_2 - 2)^2)$$
$$+ 2(1 - (x_1 - 1)^2)(1 - (x_2 - 1)^2)$$
$$+ 2(1 - (x_1 - 1)^2)(1 - (x_2 - 2)^2)$$
$$+ 2(1 - (x_1 - 2)^2)(1 - x_2^2)$$
$$= 1 + 2x_1 + 2x_1 x_2^2.$$

当 $p = 2$ 时，$1 - (x - b)^{p-1} = 1 - (x - b) = x + b + 1$，从而定理 7.1 是定理 7.4 的特殊情形.

057

我们知道，Z_p 上 n 元函数 $f: Z_p^n \to Z_p$ 共有 p^{p^n} 个. 而其中有 $[(p-1)!]^{p^{n-1}} p^{p^{n-1}}$ 个作为 n 级移存器的反馈函数生成 p 元 n 级 M 序列. 求出这些 M 序列反馈函数是密码学所关心的问题. 当 n 很大时，这是一个困难的问题. 但是从保密的角度看，这正是有益的，用这些 M 序列作密钥不容易破译. 此外，人们也关心是否有一批生成 M 序列的反馈函数, 它们的多项式表达彼此只有很少的区别. 因为这时, 将一个函数的计算元件稍加改动, 就可使新的移存器生成一种新的 M 序列, 为在保密通信中更换密钥形成方便.

当 m 不是素数时, Z_m 上的 n 元函数 f: $Z_m^n \rightarrow Z_m$ 不一定能表示成多项式的形式. 比如 $m=4$ 时, 容易看出, 对每个整数 a, $a^4 \equiv a^2 \pmod 4$. 即 x^4 和 x^2 在 Z_4 上是同一个函数. 因此若 $f(x_1, \cdots, x_n) Z_4^n \rightarrow Z_4$ 可表成 $x_1, \cdots, x_n$ 的多项式, 对每个 x_i 的次数都可不超过 3. 这样的多项式有 4^{4^n} 个, 而从 Z_4^n 到 Z_4 的函数也只有 4^{4^n} 个. 由于不同的多项式可以是同一个函数(例如 $2x_1^2$ 和 $2x_1$ 是 Z_4 上同一个函数). 所以一定有函数 $f(x_1, \cdots, x_n): Z_4^n \rightarrow Z_4$ 不能表成 $x_1, \cdots, x_4$ 的多项式(系数属于 Z_4), 不过这对保密通信并没有很大影响. 因为函数 f 即使不可表示成多项式, 在工程上也有办法实现函数 f 的运算.

习 题 七

1. 给出一个 2 元 4 级 M 序列, 并求出生成此序列的 4 级移存器反馈函数.

2. 找出生成 3 元 2 级 M 序列(022101120)的移存器反馈函数.

3. 具体给出一个函数 $f = f(x) : Z_4 \rightarrow Z_4$,使得$f(x)$不能表成关于 x 的多项式(系数属于 Z_4).

8 什么是公钥体制

20世纪50年代以来,通信技术有很大发展,人类逐渐进入快速的数字计算机和具有大量用户的网络通信时代,这给保密通信带来许多新的课题.首先,快速数字计算机的出现,使破译手段有很大进步,过去被认为计算量太大的算法现在几分钟就可算完,这就需要改进加密方法.其次,网络通信具有大量用户.如果每个用户与1000人通信都需保密,他至少要保存999对加密和解密的密钥,分别用于不同的通信对象,不能搞乱,而且密钥还需经常更换,又绝对不能丢失或泄漏给别人.所以大量密钥的保存、更换和管理成为一个严重的问题.最后,随着通信深入普及到人们生活的各个领域,保密通信已不仅是政治和军事上的需要,也是各种经济活动(电子货币、电子购货…)、行政管理和私人通信的需要,这些复杂的经济和管理活动为保密通信提出很多新的要求.比如数字签名和身份认证(在电子信息上如何"签名"? 收到某信息如何确认它是由某人发来而不是由别人伪造?),仲裁(电子购货时顾客与商店发生争执,如何进行仲裁)等.这些要求都不是简单地用密码加密所能解决的,现在扩展成一个更大的领域,叫作信息安全.

通信事业发展和信息安全的各种新课题的提出,促使保密体制要有一个新的变革.正是在这种形势下,美国斯坦福大学计算机系的两位年轻人,狄菲(Diffie)和海尔曼(Hellman)于1976年在"密码学的新方向"文章中提出一种新的保密体制,叫作公开密钥体制.被迅速应用到信息安全的各种领域,成为保密通信和信息安全事业发展的一个重要的里程碑(狄菲和海尔曼分别生于 1944 和 1945 年,毕业于美国麻省理工学院数学系和斯坦福大学计算机系).

前面介绍的保密体制均属于私钥体制.两个人通信时用只有他们自己知道的一对加密 E 和解密 D 密钥.E 和 D 是互逆的运算,如果外人知

道 E,则由 E 很容易得到逆运算 D. 比如在凯撒密码体制中,加密为 $y=E(x)=x+6(\mathrm{mod}26)$,解密为 $D(y)\equiv y-6(\mathrm{mod}26)$. 如果知道运算是模 26 加上 6,则立刻得出解密运算(模 26 减去 6),从而将密文 y 变成明文 x. 因此,E 和 D 都要由私人保存好.

公开密钥体制的思想说起来也简单,它采用一组互逆的运算 E 和 D,其中由 D 算 E 容易,但是由 E 算 D "非常困难". D 通常称作是"单向"(one-way)函数,就好比是从 D 到 E 的单行路,由 D 可到 E 但不能返回.

读者会问:什么叫作由 E 算它的逆 D "非常困难"? 举一些熟知的例子,乘法比较容易,而它的逆运算除法比较困难. 给了整数 a,指数运算 $N=3^a$ 比较容易,而要作逆运算(对数运算) $a=\log_3 N$ 就困难得多. 从工程实际的角度,由 E 求逆 D 非常困难,就是用目前最快的计算机(硬件)和已发明的最好的算法(软件),由 E 求 D 都需要很长的时间(比如 100 年),从而在实用中可认为是不可能的. 从理论上研究一些问题的难度,目前已经发展出数学和计算机科学的一个新学问,叫作"计算复杂性理论". 在这个理论中,把解决一个问题的算法分成两大类:多项式算法和指数型算法. 设 N 是处理某个问题的信息量,如果给了解决此问题的一个算法,这个算法所花的时间为 N^c,其中 c 是某个正实数(例如 $c = \frac{1}{3}$,3 甚至 100),则称此算法为多项式算法,如果算法所需时间为 C^N,其中 c 为大于 1 的实数,则称为指数型算法. 人们普遍认为,一个问题是容易的,是指人们找到了解决它的多项式算法. 如果没有多项式算法,则认为这个问题是"非常"困难的. 比如说,目前没有找到求任意一个图的哈密顿回路的多项式算法,所以这个问题被认为是困难的.

现在假定有 1000 个用户 $A_i(1 \leqslant i \leqslant 1000)$ 彼此通信都需要保密,通常需要 $\frac{1}{2}(1000 \times 999)$ 对密钥,每个用户都需保存 999 对密钥. 在公钥体制中,每个用户 A_i 有自己的一对密钥 $\{E_i, D_i\}$,其中 D_i 是单向函数,即 E_i 和 D_i 互为逆运算:$E_iD_i(x) = D_iE_i(x) = x$. 由 D_i 求 E_i 容易,而由 E_i 求 D_i 很难. 在公钥体制中,所有的 $E_i(1 \leqslant i \leqslant 1000)$ 都公开(叫作公钥),可以装订成册,像电话本一样,任何人都可查到. 而对每个 i,用户 A_i 保留属于他自己的 D_i,作为用户 A_i 自己的私钥不让别人知道. 所以,无论 A_i 与多少人通信,他都只需保存一个私钥D_i,他可以查到所有人的公钥$E_i(1\leq i\leq 1000)$.

公钥体制的加密方式也非常简单:假设用户A_i将明文x发给用户A_j需要加密.用户A_i在公钥本上查到用户A_j的公钥E_j,然后把$y=E_j(x)$发给用户A_j即可.用户A_j在收到密文y之后,用只有自己知道的私钥D_j作用于y,便恢复成明文$D_j(y)=D_jE_j(x)=x$.而任何外人截取到密文y,即使知道是发给用户A_j的,也能在公钥本上查到E_j,但是由E_j求D_j非常困难,所以不能把y恢复成明文x.公钥体制的这个加密过程可用下面模型来表示.

$$\xrightarrow{x}\boxed{加密}\xrightarrow[信道]{y}\xrightarrow{y}\boxed{去密}\xrightarrow{x}$$

$$E_j(x)=y \qquad D_j(y)=x$$

（用户A_i）　　　（用户A_j）

公钥体制解决了用户保存大量密钥的问题,因为每个用户只需保存一个私钥.发明者狄菲和海尔曼还指出,这种体制还为数字签名和身份认证提供了一个简便的方法.用户A_i将明文x发给用户A_j时,用自己的私钥D_i作用x,把$y=D_i(x)$传给用户A_j,这就是用户A_i的签名.用户A_j收到y之后,在公钥本上查到用户A_i的公钥E_i,用E_i作用y恢复出明文$E_i(y)=$

$E_iD_i(x)=x$,便知信息来自用户 A_i,这就是身份认证.任何人都可查到公钥 E_i,所以都可认证消息来自用户 A_i.但是外人很难伪造用户 A_i 的签名,因为 D_i 只有用户 A_i 知道,而由公钥 E_i 求 D_i 很困难.这个过程可表示成:

$$\xrightarrow{x} \boxed{数字签名} \xrightarrow[\text{信道}]{y} \xrightarrow{y} \boxed{身份认证} \xrightarrow{x}$$

$$D_i(x)=y \qquad E_i(y)=x$$
$$（用户 A_i） \qquad （用户 A_j）$$

再复杂一点,如果用户 A_i 向用户 A_j 发送明文信息同时需要加密和签名,用户 A_i 可先签名 $D_i(x)=y$,再加密 $E_j(y)=z$,把 z 传给用户 A_j.用户 A_j 收到 z 之后,先去密 $D_j(z)=D_jE_j(y)=y$,再认证 $E_i(y)=E_iD_i(x)=x$ 便恢复明文 x.这就同时起到保密和签名认证的作用.目前公钥体制已广泛而有效地用于更复杂的信息安全问题之中.

公钥体制于 1976 年提出之后,由于同时解决了密钥管理和签名认证问题,立即引起通信界和数学界人士以及许多业余爱好者的极大兴趣.由上可知,公钥体制的核心是要构作许多单向函数 D_i,使得由 D_i 求 $E_i=D_i^{-1}$ 很容易,但是由 E_i 求 D_i 很困难.在 1976 年以后的十多年里,人们争先恐后地提出了许多单向函数 D 的

065

方案,声称由 $E=D^{-1}$ 求 D 非常困难. 采用了许多数学方法和手段. 但是过了不久,这些方案就被别人相继攻破了,即找到由 E 计算 D 的容易算法. 到目前为止,剩下来没有被攻破的只有两种方案,即大数分解方案和离散对数方案. 这两种单向函数方案目前已在通信中被广泛采用. 有趣的是,这两种站住脚的公钥方案均是利用数论知识. 我们在以下两节介绍这两种方案和相关的数论知识.

9 RSA 公钥方案——素数判定和大数分解

公元前 3 世纪,古希腊数学家欧几里得在他的《几何原本》中就证明了:每个大于 1 的整数都可(不计因子次序)唯一地分解成有限个素数的乘积.这是一个十分漂亮的理论结果,是数论的出发点和基石.但是,一个有头脑的工程师会问:给了一个大整数 n,将 n 分解成素数的乘积是否容易? 科学地说,大数分解是否有多项式算法? 在数字计算机中,整数 n 用 2 进制表示,需要 $N = \log_2 n$ 位.所以衡量一个分解 n 的算法好坏,要看算法所需时间与 N 的依赖程度,如果所花时间是 N 的多项式(如 $2N^3 + 4N^7$),这就是多项式算法,如果所花时间为

$a^N(a>1)$,这就是指数型算法.

如果 n 本身是素数,则分解完毕.如果 n 不是素数,需要找到 n 的一个素因子 p,然后再分解 $\frac{n}{p}$.所以首先要考虑的第一件事是:给了一个大整数 n,是否有好的算法来判定 n 是不是素数? 这叫作素数判定问题.(注意:欧几里得用反证法证明了素数有无穷多个,所以对任意大的整数 a,都有素数大于 a.)

判别 n 是否为素数的最笨拙的方法,是依次用 $2,3,\cdots,n-1$ 去除 n,如果这 $n-2$ 个数都不整除 n,则 n 为素数,否则 n 不是素数.这种分法要作 $n-2$ 次除法运算,所花时间至少要与 n 成正比.由于 $n=2^N(N=\log_2 n)$,所以这就是指数型算法,古希腊人把这个算法加以改进.请读者证明:若 n 不为素数,则它必有一个因子 a,使得 $2\leqslant a\leqslant\sqrt{n}$.所以我们只需用 $\sqrt{n}$ 以内的整数去除 n 即可判别 n 是否为素数.这种算法需要 $\sqrt{n}$ 个除法,而 $\sqrt{n}=\sqrt{2}^N$,所以也就是指数型算法.后来的两千多年里,人们不断改进判定素数的算法.快速计算机出现之后,用不断改进的算法,判定一个(十进制)100 位的整数 n 是否为素数,通常只需几分钟即可,所以人们相信素数判定是一个容易的问题. 直到 2002 年 8 月, 三位印度数学家找到了素数判定的多项式算法, 计算复杂度为 $(\log n)^6$. 这就在理论上证明了素数判定是一个容易的问题.

但是对于大数分解问题, 人们至今也没有找到多项式算法, 许多数学家经过多年的努力, 使用了不少深刻的数论工具, 目前得到的最好算法也仍然是指数型算法或"亚指数"型的算法 (目前最好算法的复杂度为 $e^{c(\log n)^{\frac{1}{3}}}$). 在实践中, 现在用最好的计算机和算法, 分解一个 100 位的数需要几分钟, 而分解一个 200 位的数通常需要几万年! 所以大数分解至今是一个非常困难的问题.

在 1977 年之前, 人们对大数分解的兴趣一直是基于纯数学的研究. 但是在公钥体制提出 (1976 年) 的第 3 年, 美国麻省理工学院计算机科学实验室三位年轻研究员 Rivest, Shamir 和 Adleman 利用大数分解的困难性, 合作提出一种公钥方案, 被人们称为 RSA 公钥方案. 现在介绍这个方案.

(1) 随机地选取两个大约 100 位的不同素数 p 和 q (做这件事有多项式算法). 把 $n = pq$ 公开, 但是素因子 p 和 q 保密.

（2）再取正整数 e 和 d ，使得

$$ed \equiv 1(\mod(p-1)(q-1)). \quad (9.1)$$

（3）把每个信息 x 用 $\{0,1,\cdots,n-1\}$ 中的数来表示（由于 n 很大，可以表示足够多的信息）.如下定义一对运算 E 和 D ：

$$y = E(x) \equiv x^e(\mod n),$$
$$D(y) = y^d(\mod n) \quad (9.2)$$

这里用 x 算出 x^e 是模 n 运算，即 y 为 x^e 模 n 的最小非负剩余（参见后面所举的例子）.我们现在用费马小定理来证明 E 和 D 是互逆的运算.

引理 9.1　设 p 和 q 是不同的素数，$n = pq$ ，整数 e 和 d 满足（9.1）式，则对每个整数 x ，$x^{ed} \equiv x(\mod n)$.

证明　由（9.1）式知 $ed = (p-1)(q-1)N + 1$ ，其中 N 为正整数.当 $(x,p)=1$ 时，根据费马小定理：$x^{p-1} \equiv 1(\mod p)$.因此

$$x^{ed} = x \cdot (x^{p-1})^{(q-1)N} \equiv x \cdot 1 \equiv x(\mod p).$$

若 x 不与 p 互素，则 p 整除 x .也有 $x^{ed} \equiv 0 \equiv x(\mod p)$.所以对每个整数 x ，均有 $x^{ed} \equiv x(\mod p)$.同样可证 $x^{ed} \equiv x(\mod q)$.这表明 $x^{ed}-x$ 同时被 p 和 q 整除.由于 p 和 q 是不同的素数，所以 $x^{ed}-x$ 被 $n = pq$ 整除，即 $x^{ed} \equiv x(\mod n)$ ，证毕.

由于 $ED(x)=E(x^d)=x^{de}\equiv x\pmod n$，$DE(x)=D(x^e)=x^{ed}\equiv x\pmod n$. 可知(3)中的 E 和 D 是一对互逆的运算.

(4) 事实上，当 p 和 q 是很大素数时，我们可以取许多对模 $(p-1)(q-1)$ 不同的正整数 $\{e_i,d_i\}(i=1,2,3\cdots)$，使得每对 $\{e_i,d_i\}$ 均满足 $e_id_i\equiv1(\bmod(p-1)(q-1))$. (我们在第 10 节再分析共可以得到多少对这样的 $\{e_i,d_i\}$.) 每个用户 A_i 使用一组 $\{e_i,d_i\}$，A_i 所采用的公钥为 $E_i(x)\equiv x^{e_i}\pmod n$，私钥为 $D_i(y)\equiv y^{d_i}\pmod n$. E_i 和 D_i 是互逆的运算. 所有的 $e_i(i=1,2,\cdots)$ 都公开，而每个用户 A_i 只秘密保存一个 d_i（A_i 自己的私钥）.

以上就是 RSA 公钥方案. 现在说明这个方案为什么是安全的. 在这个方案中，$n,e_i(i=1,2,\cdots)$ 都是公开的（甚至加密方式 $E_i(x)\equiv x^{e_i}\pmod n$ 也是公开的），但是 n 的两个素因子 p 和 q 是保密的. 用户 A_i 以外的人不知道 E_i 的逆运算 D_i. 如果由 E_i 来求 D_i，即由 e_i 决定 d_i，要利用公式 $e_id_i\equiv1(\bmod(p-1)\cdot(q-1))$. 这就需要知道这个同余式的模 $(p-1)\cdot(q-1)$. 但是只有 n 是公开的，素因子 p 和 q 是保密的. 为求 $(p-1)(q-1)$ 的大小需要把 n 做素因子分解. 但是当 n 是 200 位数时, 将它分解是非常困难的. 所以由 e_i 求 d_i 是非常困难的. 这表明 RSA 公钥体制至今被认为是安全实用的.

让我们举一个例子. 取 $p=13, q=17$ (为了说明问题方便, 我们在这里取两个小素数), $n=pq=221$, 而 $(p-1)(q-1)=12 \cdot 16=192$. 容易验证

$$7 \cdot 55 \equiv 13 \cdot 133 \equiv 25 \cdot 169 \equiv 1 (\bmod 192),$$

所以可以取 $(e_1, d_1)=(7, 55)$, $(e_2, d_2)=(13, 133)$ 和 $(e_3, d_3)=(25, 169)$, 分别作为用户 A_1, A_2, A_3 的密钥对. (我们在下节将计算出, 满足 $ed \equiv 1 (\bmod 169)$ 的 (e, d) 共有 64 对, 可供 64 位用户使用, 并且在那里还给出求 (e, d) 的具体方法.) 将 $n=192$, $e_1=7$, $e_2=13$ 和 $e_3=25$ 均公开. 而 $d_1=55, d_2=133$ 和 $d_3=169$ 分别为用户 A_1, A_2 和 A_3 的私钥.

当 A_1 将明文 $x=60$ 发给用户 A_2 时.

(1) 如果需要加密, 则 A_1 查到 A_2 的公钥 $e_2=13$, 计算 $y=x^{e_2} \equiv 60^{13} (\bmod 221)$. 通常这种模 221 的方幂运算采用如下办法进行: 将 13 作 2 进制展开: $13=1+4+8$. 先算好

$$60^2 = 3600 \equiv 64 (\bmod 221),$$

$$60^4 \equiv 64^2 \equiv 118 (\mathrm{mod}221),$$

$$60^8 \equiv 118^2 \equiv 1 (\mathrm{mod}221),$$

于是

$$y = 60^{13} = 60^{1+4+8}$$

$$\equiv 60 \cdot 118 \cdot 1 \equiv 30 \cdot 236$$

$$\equiv 30 \cdot 15 \equiv 8 (\mathrm{mod}221),$$

从而用户 A_1 把密文 $y = 8$ 发给用户 A_2. 用户 A_2 收到 y 之后,用自己的私钥 $d_2 = 133$ 作运算 $y^{d_2} \equiv 8^{133} (\mathrm{mod}221)$. 由于 $133 = 1 + 4 + 128$,而

$$8^2 = 64, \quad 8^4 = 64^2 \equiv 118,$$

$$8^8 \equiv 118^2 \equiv 1,$$

$$8^{128} = (8^8)^{16} \equiv 1 (\mathrm{mod}221).$$

所以 $y^{d_2} = 8^{133} = 8^{1+4+128} \equiv 8 \cdot 118 \equiv 4 \cdot 236 \equiv 4 \cdot 15 = 60 (\mathrm{mod}221)$,所以用户 A_2 恢复成明文 $x = 60$.

(2)如果用户 A_1 需要签名,则 A_1 把明文 $x = 60$ 用自己的私钥 $d_1 = 55$ 作签名,得到

$$y = 60^{55} = 60^{1+2+4+16+32}$$

$$\equiv 60 \cdot 64 \cdot 118 (\mathrm{mod}221)$$

$$\equiv 30 \cdot 64 \cdot 15 \equiv 450 \cdot 64 \equiv 8 \cdot 64$$

$$\equiv 70 (\mathrm{mod}221)$$

所以用户 A_1 将 $y = 70$ 发给用户 A_2. 用户 A_2 收到 $y = 70$ 之后,为了认证信息来源于用户 A_1,查

073

到 A_1 的公钥 $e_1 = 7$ 并将它作用于 $y = 70$,计算 $y^{e_1} \equiv 70^7 \equiv 60 (\bmod 221)$.发现 $60 = x$ 是明文,便知信息来自用户 A_1.

请读者做用户 A_1 同时加密和签名的情形.上面介绍的将 e 作二进展开计算 $x^e (\bmod n)$ 的方法是多项式算法.

我们看到,RSA 公钥方案是建立在"大数分解是困难的"这一信念上.所谓"信念"是指至今在理论上未找到大数分解的多项式算法,并且在实际上用目前最好的计算机和算法分解大整数也是很花时间的,但是人们也无法证明大数分解不存在多项式算法.所以近年来,人们仍在努力寻求大数分解更好的算法.而且由于保密通信需求的刺激,近二十年来有越来越多的数学家和计算机科学家卷入这项工作.不断发现越来越好的算法.(连分数算法、二次筛法、椭圆曲线算法、数域筛法…).

人们要问:对于一个新的大数分解算法,如何被判别和被公认为比过去的算法要好?这个问题容易解决,因为实践是检验真理的标准.就像跳高比赛一样,把横杆放在高低不同的标准上.如果你跳过 2.40 米而别人跳不过,你就是跳高冠军. 类似地,我们可以选出一批大整数作为衡量大数分解算法好坏的标准,现在被普遍采用的一批数,是和费马另一个猜想有关.

设 m 是大于 1 的整数. 不难证明:如果 m 有奇素数因子 p,则 2^m+1 一定不是素数. 于是费马考虑数 $F_n = 2^{2^n}+1$. (现在这叫作费马数.) 费马计算了

$$F_0 = 3, F_1 = 5, F_2 = 17,$$
$$F_3 = 257, F_4 = 65537,$$

发现它们都是素数. 于是费马提出猜想:对所有的 $n \geq 0$,F_n 都是素数. 过了一百多年,欧拉发现了 F_5 的一个素因子 641:$F_5 = 641 \cdot 6700417$. 从而否定了费马的这个猜想. 后来人们发现,$F_6, F_7, \cdots$ 均不是素数. 到目前为止,对于 $n \geq 5$,人们还没有发现一个 F_n 是素数! 自然地,人们把这些费马数 F_n 看成检验大数分解算法好坏的一批"横杆". 从 F_8 以后,每个新的费马数被分解都是用新发明的算法实现的. 至今人们分解到 F_{10},而 F_{11} 还没有分解完毕. 另一些"横杆"是梅森数 $M_p = z^p - 1$,其中 p 为素数,由法国数学家梅森开始研究. 1984 年发明了二次筛法,第一次得到 $2^{251}-1$ 的素因子分解式. 美国计算机联合会(ACM)为纪念美国电子工程学会

(IEEE)成立一百周年,作了一个纪念碑,上面刻有 $2^{251}-1$ 的分解式,ACM 主席还在碑上刻了如下一番话.

"大约三百年前,法国数学家梅森预言 $2^{251}-1$ 不是素数.大约一百年前证明了它不是素数.但直到 20 年前还被认为没有进行分解的设备.事实上,用通常计算机和传统的算法,估计其计算时间为 10^{20} 年.今年 2 月,这个数在 Sandia 的 Cray 计算机上用 32 小时被分解成功,这是一个世界纪录.我们在计算方面已走了很长的路程.为了纪念 IEEE 对计算的贡献,在这里刻上这个梅森数的 5 个素因子."

改进大数分解算法的研究在世界各地仍在(公开地或秘密地)热火朝天地进行.人们至今还没有得到大数分解的多项式算法,所以 RSA 公钥方案从 1980 年起,一直到今天还在信息安全的各领域中使用着.

$\boldsymbol{10}$ RSA 公钥的个数
——欧拉函数和欧拉定理

在 RSA 公钥方案中,给定 $n = pq$ 之后,满足

$$ed \equiv 1(\mathrm{mod}(p-1)(q-1))$$

的密钥对 $\{e,d\}$ 有多少? 如何把它们全求出来? 这一节我们解决这两个问题. 借此机会,我们要介绍数论的进一步结果. 在知道 $m = (p-1) \cdot (q-1)$ 的情况下,由 e 求 d 相当于解同余方程 $ex \equiv 1(\mathrm{mod}m)$. 下面是解这种同余方程的基本结果.

定理 10.1 设 $m \geqslant 2, a$ 为整数. 则

(1) 同余方程 $ax \equiv 1(\mathrm{mod}m)$ 有解的充分必要条件是 a 与 m 互素.

（2）当 $(a,m)=1$ 时，此同余方程的全部整数解形成模 m 的一个同余类.换句话说，若 $x=b$ 是此同余方程的一个整数解，则 $x=b'$ 是解当且仅当 $b'\equiv b\pmod{m}$.

证明 （1）如果同余方程有解，即存在整数 b，使得 $ab\equiv 1\pmod{m}$.则 $ab=1+lm$，l 为整数.设 a 和 m 的最大公因子为 d，则 d 除尽 ab 和 lm，从而也除尽 $ab-lm=1$.于是 $d=1$，即 a 和 m 互素.这表明：若同余方程有解，则 $(a,m)=1$.反过来，现在设 $(a,m)=1$.考虑 m 个数 $ai(0\leqslant i\leqslant m-1)$.如果 $0\leqslant i,j\leqslant m-1$，$ai\equiv aj\pmod{m}$，则 $m\mid ai-aj=a(i-j)$.则于 $(a,m)=1$ 可知 $m\mid i-j$.但是 $0\leqslant i,j\leqslant m-1$，从而必然 $i=j$.这就表明 m 个数 $ai(0\leqslant i\leqslant m-1)$ 彼此模 m 不同余.所以这 m 个数模 m 各自同余于 $0,1,\cdots,m-1$.特别地，存在 $i(0\leqslant i\leqslant m-1)$.使得 $ai\equiv 1\pmod{m}$，即同余方程有解 $x=i$.

（2）假设 $ab\equiv 1\pmod{m}$，$ab'\equiv 1\pmod{m}$.则 $ab-ab'\equiv 1-1\equiv 0\pmod{m}$.于是 $m\mid a(b-b')$.由 $(a,m)=1$ 可知 $m\mid b-b'$，即 $b'\equiv b\pmod{m}$.反之，若 $ab\equiv 1\pmod{m}$，$b'\equiv b\pmod{m}$，则 $ab'\equiv ab\equiv 1\pmod{m}$.以上表明当 $(a,m)=1$ 时，同余方程 $ax\equiv 1\pmod{m}$ 的解恰

好形成模 m 的一个同余类 $\bar{a}$. 证毕.

我们要用的第二个数论结果,是欧拉对费马小定理的推广. 为此,要引进一个数论函数.

定义 10.2　设 $m \geqslant 2$. 以 $\varphi(m)$ 表示在 $1,2,\cdots,m$ 这 m 个数中与 m 互素的数的个数. 称作欧拉函数.

例如对 $m=6$,在 $1,2,3,4,5,6$ 当中与 6 互素的有 2 个(1 和 5),于是 $\varphi(6)=2$.

对每个素数 p,在 $1,2,\cdots,p$ 当中只有 p 不与 p 互素,因此 $\varphi(p)=p-1$.

对于 $n=pq$,其中 p 和 q 是不同的素数. 在 $1,2,\cdots,pq-1,pq$ 当中与 n 互素的数就是与 p 和 q 均互素的数. 我们用容斥原则:从 1 到 pq 这 pq 个数中被 p 除尽的共有 $\dfrac{pq}{p}=q$ 个(每隔 p 个就有一数被 p 除尽),因此应减去这 q 个. 同样地,被 q 除尽的有 $\dfrac{pq}{q}=p$,这 p 个也应减去. 但是同时被 p 和 q 除尽的有 1 个(即 pq),在前面被减掉两次,所以还应补上 1 次. 因此,$1,2,\cdots,qp$ 当中同时不被 p 和 q 整除的数的个数为 $pq-p-q+1=(p-1)(q-1)$. 这也就是 $1,2,\cdots,pq$ 当中与 $n=pq$ 互素的数的个数. 于是 $\varphi(n)=\varphi(pq)=$

$(p-1) \cdot (q-1)$. 这表明在 RSA 公钥方案中 $n=pq$,我们利用的 $(p-1)(q-1)$ 就是 n 的欧拉函数 $\varphi(n)$.

再考虑 $n=p^l$,其中 p 为素数而 $l \geqslant 1$. 在 $1,2,\cdots,p^l$ 当中与 p^l 不互素的数必被 p 整除. 而其中被 p 整除的共有 $p^l/p=p^{l-1}$ 个. 所以

$$\varphi(p^l)=p^l-p^{l-1}=p^{l-1}\left(1-\frac{1}{p}\right).$$

利用数学归纳法,可以证明如下的一般公式(证明从略).

定理 10.3 设 $m=p_1^{l_1} p_2^{l_2} \cdots p_s^{l_s}$ 是整数 m 的分解式,其中 $p_1,\cdots p_s$ 是不同的素数,$l_1,\cdots,l_s \geqslant 1$. 则

$$\begin{aligned}
\varphi(m) &= \varphi(p_1^{l_1})\varphi(p_2^{l_2})\cdots\varphi(p_s^{l_s}) \\
&= p_1^{l_1-1} p_2^{l_2-2} \cdots p_s^{l_s-1}(p_1-1) \\
&\quad \cdot (p_2-1)\cdots(p_s-1) \\
&= m\left(1-\frac{1}{p_1}\right)\left(1-\frac{1}{p_2}\right)\cdots\left(1-\frac{1}{p_s}\right).
\end{aligned}$$

定理 10.4(欧拉定理) 设 $m \geqslant 2$,a 与 m 互素. 则

$$a^{\varphi(m)} \equiv 1(\bmod m)$$

特别当 m 为素数 p 时,$\varphi(p)=p-1$,从而得到费马小定理.

证明 在 $1,2,\cdots,m$ 当中共有 $\varphi(m)$ 个与 m 互素,设它们的 $r_1,r_2,\cdots,r_s(s=\varphi(m))$.考虑 $\varphi(m)$ 个数 $ar_1,\cdots,ar_s$.由于 $a,r_1,\cdots,r_s$ 均与 m 互素,从而 $ar_1,\cdots,ar_s$ 也均与 m 互素.进而,$ar_1,\cdots,ar_s$ 彼此模 m 互不同余(见费马小定理的证明).于是不计次序,$ar_1,\cdots,ar_s$ 各自模 m 同余于 $r_1,r_2,\cdots,r_s$.所以

$$r_1\cdots r_s\equiv(ar_1)\cdots(ar_s)\equiv a^sr_1\cdots r_s$$
$$\equiv a^{\varphi(m)}r_1\cdots r_s(\bmod m).$$

由于 $r_1\cdots r_s$ 和 m 互素,同余式两边可消去 $r_1\cdots r_s$,便得到 $a^{\varphi(m)}\equiv1(\bmod m)$.

注意:定理证明的最后用到这样一个结果:

定理 10.5(消去律) 若 $m\geqslant2,(a,m)=1$.如果 $ab\equiv ac(\bmod m)$,则 $b\equiv c(\bmod m)$.

证明 由题设知 $m\mid ab-ac=a(b-c)$.由 $(a,m)=1$ 得到 $m\mid b-c$,即 $b\equiv c(\bmod m)$.

现在回到 RSA 公钥方案的密钥对 $\{e,d\}$.它们满足

$$ed\equiv1(\bmod m)$$

(其中 $n=qp$,$m=\varphi(n)=(p-1)(q-1)$).由定理 10.1 知道,若 $ed\equiv1(\bmod m)$,则 e 和 d 均需与 m 互素.进而,可以像引理 9.1 那样证明:若

081

$e \equiv e'(\bmod m)$，则对每个整数 $x, x^e \equiv x^{e'} (\bmod n)$．所以对于模 m 同一个同余类中的两个正整数 e 和 e'，用做密钥时起的作用是一样的．所以只取 $0 \leqslant e \leqslant m-1(m,e)=1$．因此 e 只能取 $1,2,\cdots,m$ 当中与 m 互素的正整数，这样的 e 一共有 $\varphi(m)=\varphi((p-1)(q-1))$ 个．对每个选定的 e，满足 $ed \equiv 1(\bmod m)$ 的 d 即是同余方程 $ex \equiv 1(\bmod m)$ 的解．由定理 10.1 知它的解是模 m 的一个同余类．同样地，当 $d \equiv d'(\bmod m)$ 时，对每个整数 $y, y^d \equiv y^{d'} (\bmod n)$．所以我们也取 $0 \leqslant d \leqslant m-1$．这时有唯一的 d 满足 $ed \equiv 1(\bmod m)$．这就表明：在 RSA 公钥方案当中，当 $n=pq$ 时，密钥对 $\{e,d\}$ 一共有 $\varphi(m)=\varphi((p-1)(q-1))$ 个．例如对第 9 节的例子，$n=13 \cdot 17$，$m=\varphi(n)=12 \cdot 16$．从而密钥对的个数为 $\varphi(m)=\varphi(2^6 \cdot 3)=\varphi(2^6)\varphi(3)=2^5 \cdot 2=64$．

为了得到这 64 对密钥 (e,d)，我们首先列出从 1 到 $m=12 \cdot 16=192$ 当中与 192 互素的那些 e，由每个 e 决定 d 需要解同余方程 $ex \equiv 1(\bmod 192)$．定理 10.1 保证在 1 到 192 当中存在唯一解 d．但是当 $m=(p-1)(q-1)$ 很大时（例子中 $m=192$，而应用中 p 和 q 均为 100 位数字，所以 m 是 200 位左右的数字），要解同余方程

$$ex \equiv 1(\bmod m) \qquad (10.1)$$

也并不是容易的. 目前已有解这种同余方程的多项式算法. 现在给大家介绍两种实用的手算方法.

第一种手算方法是用欧拉定理. 由于 e 和 m 互素, 所以 $e^{\varphi(m)} \equiv 1(\bmod m)$. 即 $e \cdot e^{\varphi(m)-1} \equiv 1(\bmod m)$, 从而得到同余方程 (10.1) 的解为 $x \equiv e^{\varphi(m)-1}(\bmod m)$. 将 $e^{\varphi(m)-1}$ 用 m 去除的余数就是密钥对 (e,d) 中与 e 对应的 d. 不过当 m 很大时, 指数 $\varphi(m)-1$ 也很大, 计算 $e^{\varphi(m)-1}$ 被 m 除的余数需要不少时间, 可以按前面介绍的方法, 将 $\varphi(m-1)$ 二进制展开来作.

第二种手算方法是不断将 e 的值减小. 我们用例子来说明这种方法. 对于第 9 节的例子: $n = pq = 13 \cdot 17 = 221, m = \varphi(n) = (p-1)(q-1) = 12 \cdot 16 = 192$. 取 $e = 5, (5,192) = 1$. 则对应的 d 应是 $5x \equiv 1(\bmod 192)$ 的解. 在同余式右边加上 192 的倍数, 使得能被 5 除尽.

$$5x \equiv 1 + 2 \cdot 192 = 385 = 77 \cdot 5(\bmod 192).$$

由于 $(5,192) = 1$, 定理 10.5 表明同余式两边可消去 5, 从而得到 $x \equiv 77(\bmod 192)$. 这便得到 $d = 77$, 即可取 $(e,d) = (5,77)$ 为密钥对. 这个过程可写成 "分数" 的形式:

$$x \equiv \frac{1}{5} \equiv \frac{1 + 2 \cdot 192}{5} \equiv \frac{77 \cdot 5}{5} \equiv 77 (\text{mod} 192).$$

只是要注意:分母一定要和模 192 互素,约分时一定用与模 192 互素的数去除分子和分母.

又如对于与 192 互素的 $e = 11$,方程 $11x \equiv 1(\text{mod} 192)$ 解为

$$x \equiv \frac{1}{11} \equiv \frac{17}{187} \equiv -\frac{17}{5} \equiv \frac{-17 + 192}{5}$$

$$\equiv \frac{175}{5} \equiv 35 (\text{mod} 192),$$

从而 $(e, d) = (11, 35)$ 是一对密钥. 再如对 $e = 25$,

$$d \equiv \frac{1}{25} \equiv \frac{77 \cdot 5}{25} \equiv \frac{77}{5} \equiv \frac{77 - 192}{5}$$

$$\equiv \frac{-115}{5} \equiv -23 \equiv 169 (\text{mod} 192),$$

从而 $(e, d) = (25, 169)$ 是一对密钥.

以上我们利用初等数论的简单知识,给出 RSA 公钥方案中公钥个数和具体算出这些公钥的方法. 本节最后我们再对于数学层面的深化作一点议论.

我们从同余类环 Z_m 的角度来考查一下定理 10.1,10.4 和 10.5 的意义. 集合 Z_m 中有 m 个元素,每个元素是模 m 的一个同余类. 我们用

$0,1,\cdots,m-1$ 表示这 m 个元素. 当 $a\equiv b(\bmod m)$ 时, a 和 b 在 Z_m 中是同一个元素, 即在 Z_m (固定 $m\geqslant 2$) 中可写成 $a=b$. 例如 $m=0$, $m+1=1,-1=m-1$ 等.

模 m 同余式的加减乘运算也可看成是 Z_m 中的运算. 比如 $3\cdot 4\equiv 2(\bmod 5)$ 在 Z_5 中可写成 $3\cdot 4=2$. 集合 Z_m 对于这种加减乘运算形成环 (模 m 的同余类环). 同余方程 $ex\equiv 1(\bmod m)$ 在环 Z_m 中变成方程 $ex=1$, 即要作除法: 求 $d\in Z_m$, 使得 $ed=1$, 即 $d=1/e$.

同余类环 Z_m 中作除法要小心, 方程 $ex=1$ 在 Z_m 中不一定均有解. 因为定理 10.1 可以说成: $ax\equiv 1$ 在 Z_m 中有解当且仅当 a 与 m 互素, 并且在 $(a,m)=1$ 时, 方程 $ax=1$ 在 Z_m 中有唯一解 (即 $ax\equiv 1(\bmod m)$ 模 m 有唯一解). 这个唯一解叫 a 在 Z_m 中的逆, 表示成 a^{-1}. 在 $m=4$ 时, 同余方程 $2x\equiv 1(\bmod 4)$ 没有解, 从而方程 $2x=1$ 在环 Z_4 中无解, 即 2 在 Z_4 中不可逆. 所以定理 10.1 可以叙述成:

整数 a 在环 Z_m 中可逆, 当且仅当 $(a,m)=1$.

例如 $e=25$ 与 $m=192$ 互素, 所以 25 是环 Z_{192} 中可逆元素, 前面已算出 25 的逆为 $d=25^{-1}=169$. 在环 Z_m 的所有 m 个元素 $0(=m)$,

$1,2,\cdots,m-1$ 当中,可逆元素即是它们中间与 m 互素的数,从而有 $\varphi(m)$ 个. 于是剩下的 $m-\varphi(m)$ 个(包含 0)都是不可逆的.

如果 $(a,m)=1$,则对每个整数 b,方程 $ax=b$ 在环 Z_m 中均有唯一解:$x=b\cdot a^{-1}=b/a$. 所以环 Z_m 中做除法有一定限制:只有与 m 互素的整数 a(可逆元素)才可做除数(即分数的分母).

按照上述方式,欧拉定理 10.4 可以说成:当 $(a,m)=1$ 时,$a^{\varphi(m)}=1$,从而 $a^{-1}=a^{\varphi(m)-1}$. 而定理 10.5 的消去律可以说成:在 Z_m 中若 $ab=ac$,则当 $(a,m)=1$(即 a 可逆)时 $b=c$.

特别当 m 是素数 p 时,Z_p 的 p 个元素 0,$1,\cdots,p-1$ 当中除 0 之外其余 $p-1$ 个元素均与 p 互素($\varphi(p)=p-1$). 所以 Z_p 中非零元素均可逆,在 Z_p 中做除法已达到最自由的程度:Z_p 中任意两个元素都可做除法,只是 0 不可为除数. 我们知道整数环 Z 都没有这样好的性质,可逆元只有 ±1(当整数 $a>1$ 时,a 的逆不再是整数). 可是有理数集合,实数集合和复数集合,除了 0 不可做除数之外,任何数均可作四则运算. 这样的集合在数学上叫作"域".

我们已经在中学熟悉了有理数域、实数域和复数域中的四则运算. 现在,我们又有了一批由有限个元素组成的域：有限域Z_p(其中 p 为素数). 最简单的域为二元域 $Z_2=\{0,1\}$, $1^{-1}=1$($1+1=0$). 其次为三元域 $Z_3=\{0,1,2\}$，运算为

$$1+2=2+1=0,\quad 2+2=1,\cdots$$

$$1-2=-1=2, 2\cdot 2=4=1,$$

$$2^{-1}=1/2=2,\cdots.$$

又如在 Z_{53}中(53 为素数),

$$\frac{2}{9}=\frac{2-53}{9}=\frac{-51}{9}=\frac{-17}{3}$$

$$=\frac{53-17}{3}=\frac{36}{3}=12$$

等.

有限域不仅是数学中的优美结构，而且现已成为计算机科学和数字通信中不可缺少的数学工具. 我们在第 12 和 13 节将看到有限域在信息安全中的应用.

习 题 十

1. 在有限域 Z_{17}中作除法运算 2/3，4/15.

2. 取 $n=pq=11\cdot 13$，构作 RSA 公钥方案中的全部密钥对(e,d).

11

离散对数公钥方案
——原根与指数

现在介绍公钥体制中采用的另一种方案：离散对数方案. 它是基于初等数论中的另一种单向函数.

设 p 为素数. 根据费马小定理, 对于每个与 p 互素的整数 a, 均有 $a^{p-1} \equiv 1 \pmod{p}$.

定义 11.1 设 $(a, p) = 1$. 满足 $a^l \equiv 1 \pmod{p}$ 的最小正整数 l, 叫作 a 模 p 的阶. 模 p 阶为(最大值) $p-1$ 的整数 a 叫作是模 p 的原根.

例如, 对 $p = 7$, 1 模 7 的阶为 1($1^1 \equiv 1 \pmod 7$), -1 模 7 的阶为 2($(-1)^1 \not\equiv 1, (-1)^2 \equiv 1 \pmod 7$). 对于 $a = 2, 2^1 \not\equiv 1, 2^2 = 4 \not\equiv 1, 2^3 = $

$8 \equiv 1 \pmod{7}$. 于是 2 模 7 的阶为 3. 对 $a = 3$, 容易验算当 $1 \leqslant i \leqslant 5$ 时, $3^i \not\equiv 1 \pmod{7}$, 而 $3^6 \equiv 1 \pmod{7}$. 因此 3 模 7 的阶为 $6 = p - 1$, 即 3 是模 7 的原根.

在初等数论中证明了:

(A) 对每个素数 p 均存在模 p 的原根.

今后常用 g 表示模 p 的原根. 而且易知: 若 $g' \equiv g \pmod{p}$, g 是模 p 的原根, 则 g' 也是模 p 的原根. 从而模 p 的原根是模 p 的一些同余类. 我们把同一个模 p 同余类中的原根看成是一个原根(通常取此同余类中在 1 至 $p-1$ 中间的那一个). 例如模 7 共有两个原根: 3 和 5($= 3^{-1}$). 一般地还可证明:

(B) 设 $(a, p) = 1$. 如果 $a^l \equiv 1 \pmod{p}$, 则 a 模 p 的阶为 l 的因子. 特别地, 由于 $a^{p-1} \equiv 1 \pmod{p}$, 可知 a 模 p 的阶必是 $p-1$ 的因子.

(C) 若 g 是模 p 的原根(即 g 模 p 的阶为 $p-1$). 则对每个整数 l, g^l 模 p 的阶为 $\dfrac{p-1}{(l, p-1)}$. 特别地, g^l 是模 p 的原根当且仅当 $\dfrac{p-1}{(l, p-1)} = p - 1$, 即当且仅当 $(l, p-1) = 1$.

由费马小定理可知: 若 $l \equiv l' \pmod{(p-1)}$, 则 $a^l \equiv a^{l'} \pmod{p}$. 所以由(C)可知, 若 g 为模 p

一个原根,则模 p 的全部原根为

$$g^l, (1 \leqslant l \leqslant p-1, (l, p-1) = 1).$$

这表明:模 p 的原根共有 $\varphi(p-1)$ 个.

例如,3 是模 7 的原根,从而模 7 的全部原根共 $\varphi(7-1) = \varphi(6) = 2$ 个,即 3^l,其中 $1 \leqslant l \leqslant 6$ 并且 $(l, 6) = 1$. 这只有 $l = 1$ 和 5. 因此模 7 的原根有两个:$3^1 = 3$ 和 $3^5 = 3^{-1} = 5$.

(D) 设 g 是模 p 的一个原根,则 $p-1$ 个数

$$g^0 = 1, g, g^2, \cdots, g^{p-2}$$

一定模 p 彼此不同余. (而 $g^{p-1} \equiv 1 = g^0 (\bmod p), g^p \equiv g, g^{p+1} \equiv g^2, \cdots (\bmod p)$).

这是因为:如果有 $i, j, o \leqslant i < j \leqslant p-2$,使得 $g^j \equiv g^i (\bmod p)$. 由于 $(g, p) = 1$,可用消去律得到 $g^{j-i} \equiv 1 (\bmod p)$. 但是 $0 < j - i < p-1$,这与 g 为模 p 原根(即阶为 $p-1$)相矛盾.

从(D)可知,当 g 为模 p 的原根时,对于每个与 p 互素的整数 a,都有 $i(0 \leqslant i \leqslant p-2)$,使得 $a \equiv g^i (\bmod p)$,因为 $g^0, g^1, \cdots, g^{p-2}$ 模 p 彼此不同余,从而它们不计次序各自同余于 $1, 2, \cdots, p-1$.

定义 11.2 设 g 为模 p 的原根,$(a, p) = 1, a \equiv g^i (\bmod p), 0 \leqslant i \leqslant p-2$,我们称 i 为 a(对于模 p 原根 g)的指数,表示成 $i = \mathrm{ind}_g(a)$. (ind

为 index(指数)的前 3 个字母). 因为它很像是
"a 以 g 为底的对数",所以 $i = \text{ind}_g(a)$ 也叫作是
a 的离数对数.

我们固定素数 p 和它的一个原根 g. 给了
$i(0 \leqslant i \leqslant p-2)$,指数运算 $a \equiv g^i (\bmod p)$ 是容易
的,但是给了与 p 互素的整数 $a \neq \pm 1$,求离散
对数 i 是非常困难的,目前没有多项式算法,也
就是说,给定 p 和 g 之后,由 i 求 a 是单向函
数,因为由 a 求 i 很难. 这是离散对数公钥方案
的数学基础.

例 11.3 如对 $p = 7$,3 是模 7 的一个原根,
而

$$3^0 \equiv 1, 3^1 \equiv 3, 3^2 \equiv 2, 3^3 \equiv 6, 3^4 \equiv 4,$$

$$3^5 \equiv 5 (\bmod 7) \quad (3^6 \equiv 1 (\bmod 7))$$

于是

$$\text{ind}_3(1) = 0, \quad \text{ind}_3(2) = 2,$$
$$\text{ind}_3(3) = 1, \quad \text{ind}_3(4) = 4,$$
$$\text{ind}_3(5) = 5, \quad \text{ind}_3(6) = 3.$$

现在介绍如何用离散对数来作加密和数字
签名,这是 1985 年由埃伽玛(ElGamal)提出的
方案.

用户 A 选取一个大素数 p 和模 p 的一个

原根 g. 通常取 p 为大约 100 位的素数,而信息 x 编成从 1 到 $p-1$ 之间的数字. 用户 A 再取一个整数 $i(0\leqslant i\leqslant p-2)$. 计算 $b\equiv g^i(\mathrm{mod}\,p)$. 把 p, g, b 均公开,而 i 由用户 A 保守秘密(私钥). b 为用户 A 的公钥.

如果用户 B 将信息 $x(1\leqslant x\leqslant p-1)$ 发给用户 A,加密和解密的方式为:

(Ⅰ)用户 B 随意选取一个整数 $k(1\leqslant k\leqslant p-2)$,计算

$$a\equiv g^k(\mathrm{mod}\,p),\quad c\equiv b^k x(\mathrm{mod}\,p),$$

将 (a,c) 传给用户 A,此时 (a,c) 就是信息 x 的密文.

(Ⅱ)用户 A 收到密文 (a,c) 之后,用自己的私钥 i 计算

$$ca^{-i}\equiv b^k x(g^k)^{-i}=(g^i)^k x(g^k)^{-i}\equiv x(\mathrm{mod}\,p),$$

便恢复成明文 x. 用户 A 以外的人不知 A 的私钥 i,由公开的 g, p, b,求 i 是困难的离散对数问题,所以外人由密文 (a,c) 很难算出明文 x.

用户 A 作数字签名时,发送的信息 x 要满足 $0\leqslant x\leqslant p-2$. 签名和认证的过程为:

(Ⅰ)用户 A 随意取一个与 $p-1$ 互素的整数 k,计算

$$c\equiv g^k(\mathrm{mod}\,p)\quad(1\leqslant c\leqslant p-1),$$

$$(11.1)$$

$$d \equiv (x - ic)k^{-1}(\mathrm{mod}(p-1))$$
$$(0 \leqslant d \leqslant p - 2), \qquad (11.2)$$

则(c,d)就是用户 A 在信息 x 上的签名. 用户 A 把信息 x 和签名(c,d)同时发给用户 B.

（Ⅱ）任何人都可认证信息 x 来自用户 A，因为由用户 A 的公钥 b 和签名(c,d)，根据(11.1)和(11.2)式可知

$$b^c \cdot c^d \equiv g^{ic} \cdot g^{x-ic} \equiv g^x(\mathrm{mod}p),$$

即由公开的 p,g,b，签名(c,d)和信息 x 直接验证同余式 $b^c \cdot c^d \equiv g^x(\mathrm{mod}p)$ 成立，就可认证信息 x 来自用户 A.

现在分析这种数字签名的安全性.

（Ⅲ）如果用户 A 之外的人想要对信息 x 伪造用户 A 的签名，即他要给出两个整数 c 和 $d(1 \leqslant c \leqslant p-1, 0 \leqslant d \leqslant p-2)$，使得 $b^c c^d \equiv g^x(\mathrm{mod}p)$. 如果给定 c 求指数 d，这是困难的离散对数问题. 如果给定 d 求 c 满足此同余式，目前也没有好的算法，所以外人伪造用户 A 的签名是很困难的.

（Ⅳ）用户 A 在签名(c,d)中没有把他的私钥 i 泄漏出去. 因为在 $d \equiv (x-ic)k^{-1}(\mathrm{mod}(p-1))$ 中只有 d,x,c,p 是公开的. 破译 i 需要知道 k，而从 $c \equiv g^k(\mathrm{mod}p)$ 来求 k 是困难的离散对数

问题.

（Ⅴ）缺点：用户 A 不能用同一个值 k 对两个不同信息 x_1 和 x_2（$x_1 \not\equiv x_2 (\mathrm{mod}(p-1))$）同时做签名. 因若用同一个 k 同时对 x_1 和 x_2 分别做签名(c_1, d_1)和(c_1, d_2)，则

$$c_1 \equiv g^k \equiv c_2 (\mathrm{mod} p)(1 \leqslant c_1, c_2 \leqslant p-1),$$
$$(11.3)$$

$$d_1 \equiv (x_1 - ic_1)k^{-1}(\mathrm{mod}(p-1)),$$
$$d_2 \equiv (x_2 - ic_2)k^{-1}(\mathrm{mod}(p-1)), \qquad (11.4)$$

由(11.3)式可知 $c_1 = c_2$. 然后将(11.4)中两个同余式相减，便得到

$$k(d_1 - d_2) \equiv x_1 - x_2 (\mathrm{mod}(p-1)),$$
$$(11.5)$$

这个同余式中外人不知道的只有 k. 记 $d=(d_1-d_2, p-1)$，可以证明：满足(11.5)的 k（$1 \leqslant k \leqslant p-1$）只有 d 个，并且这 d 个 k 由(11.5)式容易算出（见下面例子）. 可以用 $c_1 \equiv g^k(\mathrm{mod} p)$ 来验证哪个 k 是正确的（这里 c_1, g, p 都是公开的）. 如果 c_1 与 $p-1$ 互素（当 p 很大时，c_1 与 $p-1$ 互素的概率 $\dfrac{\varphi(p-1)}{p-1}$ 接近于 1），便可由(11.4)式算出

$$i \equiv (x_1 - d_1 k)c_1^{-1}(\mathrm{mod}(p-1)),$$

一旦用户 A 的私钥 i 被破译，就可对任意信息

伪造用户 A 的签名.

例 11.4 取 $p=19$ 和模 19 的一个原根 $g=2$.用户 A 取私钥 $i=5$.则用户 A 的公钥为 $b=13(b\equiv g^i\equiv 2^5\equiv 13(\mathrm{mod}19))$.

（Ⅰ）加密.用户 B 将信息 $x=6$ 发给用户 A.加密方法是:用户取 $k=3$,计算

$$a\equiv g^k\equiv 2^3\equiv 8(\mathrm{mod}19),$$

$$c\equiv b_x^k\equiv 13^3\cdot 6\equiv 15(\mathrm{mod}19).$$

用户 B 把 $x=6$ 的密文 $(a,c)=(8,15)$ 传给用户 A.

用户 A 收到密文 $(a,c)=(8,15)$ 后,用自己的私钥 $i=5$ 计算

$$x\equiv c\cdot a^{-i}\equiv 15\cdot 8^{-5}$$

$$\equiv(-4)\cdot 2^{-15}\equiv -2^{-13}(\mathrm{mod}19)$$

$$\equiv -2^5\equiv -32\equiv 6(\mathrm{mod}19),$$

（由费马小定理:$2^{18}\equiv 1(\mathrm{mod}19)$）,

便得到明文 $x=6$.

（Ⅱ）签名和认证.用户 A 将信息 $x=6$ 做数字签名,取 $k=5$(与 $p-1=18$ 互素),然后计算

$$c\equiv g^k\equiv 2^5\equiv 13(\mathrm{mod}19),$$

$$d\equiv(x-ic)k^{-1}\equiv\frac{6-5\cdot 13}{5}\equiv\frac{6}{5}-13$$

$$\equiv \frac{-30}{5} - 13 \equiv -6 - 13 \equiv 17 (\mathrm{mod}18),$$

则用户 A 对信息 $x=6$ 的签名为 $(c,d)=(13,$ 17).

认证这个签名就是看 $b^c \cdot c^d \equiv g^x (\mathrm{mod}19)$ 是否正确,即要验证 $13^{13} \cdot 13^{17} \equiv 2^6 (\mathrm{mod}19)$. 读者可自行验证.

(Ⅲ) 如果用户 A 又用 $k=5$ 对信息 $x'=9$ 签名,由于

$$c' \equiv g^k \equiv 13 (\mathrm{mod}19),$$

$$d' \equiv (x'-ic')k^{-1} \equiv \frac{9-5 \cdot 13}{5}$$

$$\equiv \frac{45}{5} - 13 \equiv 14 (\mathrm{mod}18),$$

则用户 A 对信息 $x'=9$ 的签名为 $(c',d')=(13,$ 14).

某用户收到用户 A 对信息 $x=6$ 的签名 $(c,$ $d)=(13,17)$ 和对信息 $x'=9$ 的签名 $(c',d')=$ $(13,14)$. 由 $c=c'=13$ 可知用户 A 在这两个签名中使用了同一个 k 值. 于是

$$kd \equiv x-ic,$$

$$kd' \equiv x'-ic' \equiv x'-ic (\mathrm{mod}(p-1)).$$

从而 $k(d'-d) \equiv x'-x (\mathrm{mod}(p-1))$,即 $(14-17)k \equiv 9-6 (\mathrm{mod}18)$, $3k \equiv -3 (\mathrm{mod}18)$,这相当

于 $k \equiv -1 (\mathrm{mod} 6)$. 在 $1 \leqslant k \leqslant 18, (k, 18) = 1$ 条件下 $k = 5, 11$ 或 17. 由 $c \equiv g^k (\mathrm{mod} p)$ 即 $13 \equiv 2^k (\mathrm{mod} 19)$ 可验证这三个可能的值中 $k = 5$ 满足此同余式. 再由

$$kd \equiv x - ic (\mathrm{mod}(p-1)),$$

即

$$5 \cdot 17 \equiv 6 - i \cdot 13 (\mathrm{mod} 18),$$

便破译用户 A 的私钥

$$i \equiv \frac{6 - 5 \cdot 17}{13} \equiv \frac{6 + 5}{13} \equiv \frac{6 + 5}{-5}$$

$$\equiv \frac{-30 + 5}{-5} \equiv 6 - 1 \equiv 5 (\mathrm{mod} 18).$$

习题十一

1. 设 p 为素数, $a^l \equiv 1 (\mathrm{mod} p)$. 证明 a 模 p 的阶是 l 的因子.

2. 设 p 为素数, a 模 p 的阶为 d, 则对每个整数 l, a^l 模 p 的阶为 $d/(d, l)$.

3. 设 p 为素数, d 为 $p-1$ 的正因子. 则在 $1, 2, \cdots, p-1$ 当中模 p 阶为 d 的整数共有 $\varphi(d)$ 个.

4. 设 p 为素数, a 和 b 模 p 的阶分别为 n 和 m. 如果 n 和 m 互素, 证明 ab 模 p 的阶为 nm.

5. 设整数 a 和 b 均与素数 p 互素,g 为模 p 的一个原根. 证明:$\text{ind}_g(ab) \equiv \text{ind}_g(a) + \text{ind}_g(b)(\text{mod}(p-1))$

6. 决定 $1,2,\cdots,18$ 模 19 的阶.

7. 证明:费马数 $F_n = 2^{2^n} + 1$ 的素因子必有形式 $p = 2^{n+1}a + 1$,其中 a 为正整数. (提示:先证 2 模 p 的阶为 2^{n+1},再证 $2^{n+1} \mid (p-1)$.) (注记:特别对 $F_5 = 2^{32} + 1$,它的素因子为 $p = 64a + 1$. 当 $a = 1,2,5,6,8$ 时,$64a+1$ 不是素数. 对于 $a = 10$,欧拉发现 641 为 F_5 的素因子. 请验证这件事,即验证 $2^{32} \equiv -1(\text{mod} 641)$.)

12 密钥管理和更换
——有限域上的多项式

公钥体制得到广泛的应用,但是不能完全代替私钥体制,在许多场合目前仍采用私钥体制进行保密通信. 公钥的思想可以用来解决私钥体制中的一些重要问题. 本节介绍采用离散对数思想解决私钥保密系统中大量密钥的管理和密钥更换问题.

保密通信的核心是密钥的设计,但是大量密钥的传输、更换和管理也是一些重要的问题. 如果某公司有 n 个用户,彼此之间需要使用 $n(n-1)/2$ 对密钥,每对用户之间密钥的产生和更换均需非常安全的通道传送,以防止密钥被窃取,这就需要 $n(n-1)/2$ 条安全的通道来传送密钥. 公司需要有一种安全的体制来处理这些密钥管理问题. 目前多采用由公司设立密钥管理中心的办法, 由管理中心设计和分配密钥, 只需 n 个安全通道传送 (分配) 给每个用户.

事实上, 公钥体制的创始人狄菲和海尔曼在提出公钥思想时, 一开始就是为了解决密钥管理问题. 我们用离散对数方法来说明他们的密钥管理方案.

设公司有 n 个用户 $A_1, \cdots, A_n$. 管理中心选一个大素数 $p(p>n)$, 再取定模 p 的一个原根 g. 然后随意地选取 n 个整数 $a_1, \cdots, a_n (2 \leqslant a_i \leqslant p-2)$, 把每个 a_i 用安全的通道秘密地分配给用户 $A_i (1 \leqslant i \leqslant n)$. 同时计算 $b_i \equiv g^{a_i} (\bmod p)$ $(1 \leqslant i \leqslant n)$. 公司把 $p, g, b_i (1 \leqslant i \leqslant n)$ 均公开, 但是对每个 $i(1 \leqslant i \leqslant n)$, 只有用户 A_i 知道 a_i, 外人由公开的 p, g, b_i 计算离散对数 a_i 是困难的.

在管理中心完成上述工作之后, 用户之间产生和更换密钥采取如下方式.

（Ⅰ）密钥生成用户 A_i 和 A_j 之间通信之前要决定他们之间采用的密钥. 办法是: A_i 计算 $b_j^{a_i} (\bmod p)$ (用户 A_i 知道 a_i, 而 b_j 是公开的), A_j 计算 $b_i^{a_j} (\bmod p)$. 由于

$$b_j^{a_i} \equiv g^{a_i a_j} \equiv b_i^{a_j} \quad (\bmod p).$$

所以用户 A_i 和 A_j 算出同一个数,记作 k_{ij} ($1\leqslant k_{ij}\leqslant p-1$). 把 k_{ij} 作为 A_i 和 A_j 之间通信的密钥. 这样一来,A_i 和 A_j 各自进行简单的同余式运算,不必传送密钥 k_{ij}. 第三者只知道 p,g,b_j 和 b_i,其中 $b_i\equiv g^{a_i}(\bmod p)$,$b_j\equiv g^{a_j}(\bmod p)$. 由 b_i 和 b_j 计算 $k_{ij}\equiv g^{a_ia_j}(\bmod p)$ 是困难的,因为第三者不知 a_i 和 a_j.

(Ⅱ)密钥更换如果用户 A_i 和 A_j 之间想要更换密钥,则 A_i 和 A_j 各自秘密地选取一个 a_i' 和 a_j',然后公开 $b_i'\equiv g^{a_i'}(\bmod p)$ 和 $b_j'\equiv g^{a_j'}(\bmod p)$. 按上述方式,有

$$k_{ij}' \equiv g^{a_i'a_j'}\equiv b_i'^{a_j'}\equiv b_j'^{a_i'}(\bmod p),$$

A_i 计算 $b_j'^{a_i'}(\bmod p)$,A_j 计算 $b_i'^{a_j'}(\bmod p)$,他们得到同一个数 $k_{ij}'(\bmod p)$,作为双方通信的新密钥,这个新密钥不需传送.

我们再介绍布鲁姆(Blom)于 1985 年提出的一种密钥分配方案,这种方案利用有限域 Z_p 上的多项式计算.

仍设某公司有 n 个用户 $A_1,\cdots,A_n$. 密钥管理中心取一个素数 $p>n$,再取有限域 Z_p 中 n 个不同元素 $r_1,\cdots,r_n$. p 和 $r_1,\cdots,r_n$ 均公开.

(1) 管理中心在 Z_p 中随意取 3 个元素

a,b,c(可以相同). 由此形成系数属于 Z_p 的多项式

$$f(x,y) = a + b(x+y) + cxy,$$

这是对称多项式,即 $f(x,y) = f(y,x)$.

（2）对每个 $i(1\leqslant i\leqslant n)$,管理中心计算

$$\begin{aligned}g_i(x) &= f(x,r_i)\\ &= a + b(x+r_i) + c(xr_i)\\ &= \alpha_i + \beta_i x,\end{aligned}$$

然后把 $g_i(x) = \alpha_i + \beta_i x$ 分配给用户 A_i. 也就是说,只有用户 A_i 知道 $g_i(x)$ 的系数 α_i 和 β_i（Z_p 中两个元素）,其中

$$\alpha_i = a + br_i, \quad \beta_i = b + cr_i.$$

（3）密钥生成　用户 A_i 和 A_j 通信时,用户 A_i 计算 $g_i(r_j) = \alpha_i + \beta_i r_j \in Z_p$（用户 A_i 知道 α_i 和 β_i,而 r_j 是公开的）,用户 A_j 计算 $g_j(r_i) = \alpha_j + \beta_j r_i$,由于

$$g_i(r_j) = f(r_j,r_i) = f(r_i,r_j) = g_j(r_i),$$

所以用户 A_i 和 A_j 计算出 Z_p 中同一个元素 k_{ij},这两个用户之间通信便采用 k_{ij} 作为密钥,不需传送此密钥.

现在分析一下这个密钥分配方案的安全性.

（Ⅰ）用户 A_i 和 A_j 之外的第 3 用户 A_k,得

不到他们之间密钥 k_{ij} 的任何信息.

这是由于 A_k 只知道管理中心发给自己的 $g_k(x)=\alpha_k+\beta_k x$. 对于用户 A_i 和 A_j 的信息, A_k 只知道公开的 r_i 和 r_j(以及 p), 但是不知道 $g_i(x)=\alpha_i+\beta_i x$ 和 $g_j(x)=\alpha_j+\beta_j x$, 即用户 A_k 不知道 Z_p 中元素 $\alpha_i,\beta_i,\alpha_j,\beta_j$ 的值. 在这种情况下, 由关系

$$g_i(r_j)=\alpha_i+\beta_i r_j=k_{ij}$$
$$=\alpha_j+\beta_j r_i=g_j(r_i),$$

不能决定出 k_{ij}.

如果用户 A_k 试图破译管理中心设计的多项式 $f(x,y)=a+b(x+y)+cxy$, 即需要决定三个系数 a,b,c. 但是用户 A_k 只知道 α_k,β_k 和公开的 r_k, 即只知道 a,b,c 之间的两个关系

$$\alpha_k=a+br_k, \quad \beta_k=b+cr_k. \quad (12.1)$$

所以也决定不出 a,b,c 的值. 因为取 c 为 Z_p 中任意元素, 则 (12.1) 式给出

$$b=\beta_k-cr_k,$$

$$a=\alpha_k-br_k=\alpha_k-\beta_k r_k+cr_k^2, \quad (12.2)$$

即 a 和 b 由 c 所唯一决定, 由于 c 可取 Z_p 中 p 个元素中的任意一个, 因此用户 A_k 根据自己掌握的信息 (即 (12.1) 中的两个关系), 只能确定出 (a,b,c) 的取值是 p 个可能当中的一个. 但是

不知道究竟是哪一个.

用户 A_i 和 A_j 之间的密钥 k_{ij} 为

$$g(r_j, r_i) = a + b(r_i + r_j) + cr_ir_j$$
$$= \alpha_k - \beta_k r_k + cr_k^2 + (\beta_k - cr_k)$$
$$\cdot (r_i + r_j) + cr_ir_j$$
$$= c(r_k - r_i)(r_k - r_j) + \alpha_k$$
$$+ \beta_k(r_i + r_j - r_k),$$

由于 r_i, r_j 和 r_k 是 Z_p 中不同元素,所以 $(r_k - r_i)(r_k - r_j) \neq 0$. 因此,当 c 过 Z_p 中 p 个不同元素时,$g(r_j, r_i)$ 也恰好过 Z_p 中 p 个元素. 这就表明,用户 A_k 凭借自己的知识来猜测 A_i 和 A_j 之间的密钥 k_{ij},k_{ij} 为 Z_p 中每个元素的概率是一样的,即 A_k 得不到 k_{ij} 的任何信息. 当然,对于 n 个用户之外的人,更是得不到 k_{ij} 的任何信息.

(Ⅱ) 任何两个用户 A_k 和 A_t 联手,可以破译管理中心设计的多项式 $f(x, y) = a + b(x + y) + cxy$,从而可破译任意两个用户 A_i 和 A_j 之间的密钥 k_{ij}.

这是因为:用户 A_k 和 A_t 把管理中心分配给他们的 $\alpha_k, \beta_k, \alpha_t, \beta_t$ 合在一起,再加上公开值 r_k 和 r_t,便得到关于 a, b, c 的四个关系式:

$$\alpha_k = a + br_k, \quad \alpha_t = a + br_t,$$
$$\beta_k = b + cr_k, \quad \beta_t = b + cr_t.$$

前两个关系给出 $b=(\alpha_k-\alpha_t)/(r_k-r_t)$, 后两个关系给出 $c=(\beta_k-\beta_t)/(r_k-r_t)$, 最后求出 $a=\alpha_k-br_k$. 所以 A_k 和 A_t 联手可破译 $f(x,y)$. 然后对任意两个用户 A_i 和 A_j 均可算出他们之间的密钥 $k_{ij}=f(r_j,r_i)$, 因为 r_i 和 r_i 是公开的.

（Ⅲ）如果管理中心想更换密钥, 需要更换多项式 $f(x,y)$. 即选取 Z_p 中另三个元素 a', b', c', 形成新的多项式 $f'(x,y)=a'+b'(x+y)+c'xy$. 再取 Z_p 中 n 个不同元素 $r_1',\cdots,r_n'$. 对每个 $i(1\leqslant i\leqslant n)$, 计算 $g_i'(x)=f'(x,r_i')=\alpha_i'+\beta_i'x$, 其中 $\alpha_i'=a'+b'r_i'$, $\beta_i'=b'+c'r_i'$. 然后把 (α_i',β_i'), 分配给用户 A_i. 而 p 和 $r_1',\cdots,r_n'$ 公开. 对于两个用户 A_i 和 A_j, 它们改用的新密钥为 $k_{ij}'=\alpha_i'+\beta_i'r_j'=\alpha_i'+\beta_j'r_i'$.

习题十二

管理中心在更换密钥时, 能否不改变 $f(x,y)$（即不改变 a,b 和 c 的值）, 而只把 $r_1,\cdots,r_n$ 换成新的一组 $r_1',\cdots,r_n'$, 并将 $f(x,r_i')=\alpha_i'+\beta_i'x$ 分配给用户 A_i?

13

密钥共享——拉格朗日插值公式

我们知道,发射核武器的控制按钮只由一个人掌握是很危险的.重要的机密常常需要足够多人的意见一致方能开启.这就提出了密钥管理的又一个重要问题:在很多情形下,一个主密钥 k 要分解成一些子密钥 $k_1,\cdots,k_n$,分别由 n 个人 $A_1,\cdots,A_n$ 掌握.只有足够多的人把子密钥放在一起,才能揭示出主密钥.这叫作密钥共享问题.

我们这里只考虑比较简单的情形:取定一个整数 $t\geq2$,我们要求:

(1) 任意 t 个子密钥放在一起可以决定主密钥;

（2）任意 $t-1$ 个子密钥放在一起得不到主密钥的任何信息. 这叫作门限为 t 的密钥共享.

事实上, 前节所述的布鲁姆密钥分配方案也可看成是 $t=2$ 的密钥共享方案, 因为可把 $f(x,y)$ 看成是主密钥, 而 $g_i(x)$ 看成是分发给 A_i 的子密钥（$1\leqslant i\leqslant n$）. 在上节分析布鲁姆方案的安全性时指出, 任何两个人 A_k 和 A_t 一起可算出主密钥 $f(x,y)$, 而每个 A_i 不能给出 $f(x,y)$ 的任何信息. 所以这是门限为 2 的密钥共享方案.

本节我们介绍沙米尔（Shamir）于 1979 年给出的一种门限为 t 的密钥共享方案. 这种方案基于系数属于有限域 Z_p 的多项式理论. 读者在中学已经学过系数为实数或复数的多项式的许多性质, 如多项式之间的四则运算、多项式的根等. 下面介绍有限域上多项式的一些性质. 读者将会看到, 这些性质和系数为实数或复数的多项式情形几乎是一样的.

（Ⅰ）多项式环 $Z_p[x]$.

我们今后固定一个素数 p. 系数属于有限域 Z_p 的多项式为

$$f(x) = a_n x^n + a_{n-1} x^{n-1} + \cdots + a_1 x + a_0,$$

其中 $a_0, a_1 \cdots, a_n$ 均是 Z_p 中元素. 如果 $a_n \neq 0$,
称 $f(x)$ 为 n 次多项式. 于是, 0 次多项式为
$f(x) = a_0$, 其中 a_0 是 Z_p 中非零元素. 而恒等于
零的多项式 $f(x) \equiv 0$ 可认为次数是 $-\infty$, 即次
数小于任何非零多项式的次数.

系数属于 Z_p 的所有多项式组成的集合记
成 $Z_p[x]$. 这个集合中有加、减、乘运算:

$$(a_n x^n + a_{n-1} x^{n-1} + \cdots + a_1 x + a_0)$$
$$\pm (b_n x^n + b_{n-1} x^{n-1} + \cdots + b_1 x + b_0)$$
$$= (a_n \pm b_n) x^n + (a_{n-1} \pm b_{n-1}) x^{n-1} + \cdots$$
$$+ (a_1 \pm b_1) x + (a_0 \pm b_0),$$
$$(a_n x^n + a_{n-1} x^{n-1} + \cdots + a_1 x + a_0)$$
$$\cdot (b_m x^m + b_{m-1} x^{m-1} + \cdots + b_1 x + b_0)$$
$$= a_n b_m x^{n+m} + (a_n b_{m-1} + a_{n-1} b_m) x^{n+m-1}$$
$$+ (a_n b_{m-2} + a_{n-1} b_{m-1} + a_{n-2} b_m) x^{n+m-2}$$
$$+ \cdots + a_0 b_0.$$

也就是说:两个多项式相加(或相减),是同次项
系数在 Z_p 中相加(或相减),而多项式相乘则利
用分配律,然后合并同次项. 集合 $Z_p[x]$ 对于上
述运算是环,叫作有限域 Z_p 上的多项式环.

不难看出,若 $f(x)$ 和 $g(x)$ 分别是 n 次和 m
次多项式,则 $f(x) \pm g(x)$ 的次数不超过 n 和 m
的最大值,而 $f(x)g(x)$ 的次数为 $n+m$.

$Z_p[x]$中两个多项式相除不一定为多项式. 所以和整数环 Z 的情形一样,在多项式环 $Z_p[x]$ 中也有整除概念.

定义 13.1 设 $f(x),g(x) \in Z_p[x]$, $f(x) \neq 0$. 如果 $\dfrac{g(x)}{f(x)}$ 是多项式,即存在 $h(x) \in Z_p[x]$,使得 $g(x)=f(x)h(x)$,则称 $f(x)$ 整除 $g(x)$(或称 $g(x)$ 被 $f(x)$ 整除),表示成 $f(x) \mid g(x)$. 这时,$f(x)$ 叫作 $g(x)$ 的因式,$g(x)$ 叫 $f(x)$ 的倍式.

现在设 $f(x)=a_n x^n + \cdots + a_0$ 和 $g(x)= b_m x^m + \cdots + b_0$,分别是 $Z_p[x]$ 中的 n 次和 m 次多项式,即 $a_n \neq 0, b_m \neq 0$. 如果 $m \geqslant n \geqslant 0$,我们可用 $f(x)$ 去除 $g(x)$,先得商式 $a_n^{-1} b_m x^{m-n}$,可使余式 $g'(x)$ 的次数小于 m:

$$g(x) = a_n^{-1} b_m x^{m-n} f(x) + g'(x),$$

其中

$$
\begin{aligned}
g'(x) &= g(x) - a_n^{-1} b_m x^{m-n} f(x) \\
&= b_m x^m + \cdots + b_0 - a_n^{-1} b_m x^{m-n} \\
&\quad \cdot (a_n x^n + \cdots + a_0),
\end{aligned}
$$

上式右边消去 m 次项,从而余式 $g'(x)$ 的次数小于 $g(x)$ 的次数 m. 如果 $g'(x)$ 的次数仍大于

$f(x)$ 的次数 n，则继续用同样方法以 $f(x)$ 去除 $g'(x)$ 可得到比 $g'(x)$ 次数更小的余式。经过有限步，我们便得到余式，次数小于 n。所以我们得到多项式环 $Z_p[x]$ 中如下形式的带余除法。

带余除法 设 $f(x), g(x) \in Z_p[x]$，$f(x) \neq 0$（从而 $f(x)$ 的次数 $\geqslant 0$），则有唯一的多项式 $q(x)$ 和 $r(x) \in Z_p[x]$，使得

$$g(x) = q(x)f(x) + r(x), \quad (13.1)$$

其中 $r(x)$ 的次数小于 $f(x)$ 的次数。（$q(x)$ 和 $r(x)$ 分别叫用 $f(x)$ 除 $g(x)$ 的商式和余式。）

证明 已经表明满足上述条件的 $q(x)$ 和 $r(x)$ 是存在的。只需再证唯一性。假设又有 $q'(x), r'(x) \in Z_p[x]$，使得

$$g(x) = q'(x)f(x) + r'(x), \quad (13.2)$$

并且 $r'(x)$ 的次数小于 $f(x)$ 的次数。则由 (13.1) 和 (13.2) 式得到

$$r'(x) - r(x) = (q(x) - q'(x))f(x).$$

$$(13.3)$$

如果 $q(x) - q'(x) \neq 0$，则上式右边次数 $\geqslant f(x)$ 的次数。但是左边次数小于 $f(x)$ 的次数。这一矛盾表明 $q(x) - q'(x) = 0$，即 $q(x) = q'(x)$。从而 (13.3) 式左边也为 0，即 $r'(x) = r(x)$。这就表明了 (13.1) 中的商式 $q(x)$ 和余式 $r(x)$ 是唯

一确定的.

例 13.2 对于 $p=3$, $Z_3[x]$ 中的多项式 $g(x)=2x^3+2x+1$ 和 $f(x)=2x^2+2x$, 用 $f(x)$ 除 $g(x)$ 的带余除法算式为：

$$
\begin{array}{r}
x+2 \\
2x^2+2x\ {\overline{\smash{\big)}\,2x^3+\ \ 2x+1}} \\
2x^3+2x^2 \\
\hline
x^2+2x \\
x^2+x \\
\hline
x+1
\end{array}
$$

所以商式和余式分别为 $x+2$ 和 $x+1$, 即
$$2x^3+2x+1=(x+2)(2x^2+2x)+(x+1),$$

（Ⅱ）多项式的根.

设 $f(x)=a_n x^n+a_{n-1}x^{n-1}+\cdots+a_0$ 是 $Z_p[x]$ 中多项式. 对 Z_p 中每个元素 c, 将 $x=c$ 代入 $f(x)$ 算出的 Z_p 中元素
$$a_n c^n+a_{n-1}c^{n-1}+\cdots+a_0$$
叫作 $f(x)$ 在 $x=c$ 处的取值, 表示成 $f(c)$. 如果 $f(c)=0$, 称 c 为多项式 $f(x)$ 的一个根.

定理 13.3 （1）设 $f(x)$ 为 $Z_p[x]$ 中多项式, c 为 Z_p 中元素. 则 c 为 $f(x)$ 的根当且仅当 $x-c$ 是 $f(x)$ 的因式（即 $(x-c)\mid f(x)$）.

(2) $Z_p[x]$ 中 n 次非零多项式在 Z_p 中至多有 n 个不同的根.

证明 (1) 用 $x-c$ 去除 $f(x)$ 的带余除法, 余式的次数要小于 $x-c$ 的次数 1, 即余式 r 为 Z_p 中元素. 因此

$$f(x) = q(x)(x-c) + r,$$

其中 $q(x) \in Z_p[x]$. 将 $x=c$ 代入上式, 则 $f(c)=q(c)+(c-c)+r=r$. 于是 c 为 $f(x)$ 的根 (即 $f(c)=0$) 当且仅当 $r=0$, 即当且仅当 $f(x)=(x-c)q(x)$, 也就是当且仅当 $x-c$ 是 $f(x)$ 的因式.

(2) 设 $f(x)$ 是 $Z_p[x]$ 中 n 次多项式 $(n \geqslant 0)$ 而 $c_1, \cdots, c_m$ 是 $f(x)$ 在 Z_p 中 m 个不同的根. 由 (1) 中所证知

$$f(x) = (x-c_1)g(x), g(x) \in Z_p[x].$$

代入 $x=c_2$ 给出

$$0 = f(c_2) = (c_2 - c_1)g(c_2).$$

由假设 $c_1 \neq c_2$, 从而 $g(c_2)=0$. 于是又有

$$g(x) = (x-c_2)h(x),$$

其中 $h(x) \in Z_p[x]$. 因此

$$f(x) = (x-c_1)(x-c_2)h(x).$$

由于 $c_1, c_2, \cdots, c_m$ 两两不同并且均是 $f(x)$ 的根, 上面推理继续下去可知

$$f(x) = (x - c_1)(x - c_2)\cdots(x - c_m)l(x),$$
$$l(x) \in Z_p[x].$$

比较此式两边的次数可知 $n \geqslant m$. 即 $f(x)$ 在 Z_p 中不同根的个数 m 不超过 $f(x)$ 的次数 n. 证毕.

定理 13.4 (1) 设 $f(x)$ 和 $g(x)$ 均是 $Z_p[x]$ 中次数 $\leqslant n$ 的多项式. 如果它们在 Z_p 中 $n+1$ 个不同元素处的取值均相同, 则 $f(x) = g(x)$.

(2) 设 $a_1, \cdots, a_{n+1}$ 是 Z_p 中 $n+1$ 个不同的元素(于是 $n+1 \leqslant p$), 而 $b_1, \cdots, b_{n+1}$ 是 Z_p 中任意 $n+1$ 个元素. 则 $Z_p[x]$ 中存在唯一的次数 $\leqslant n$ 的多项式 $f(x)$, 使得 $f(a_i) = b_i (1 \leqslant i \leqslant n+1)$. 事实上, 这个多项式为

$$f(x)$$
$$= \frac{(x - a_2)(x - a_3)\cdots(x - a_{n+1})}{(a_1 - a_2)(a_1 - a_3)\cdots(a_1 - a_{n+1})} b_1$$
$$+ \frac{(x - a_1)(x - a_3)\cdots(x - a_{n+1})}{(a_2 - a_1)(a_2 - a_3)\cdots(x - a_{n+1})} b_2 + \cdots$$
$$+ \frac{(x - a_1)\cdots(x - a_{i-1})(x - a_{i+1})\cdots(x - a_{n+1})}{(a_i - a_1)\cdots(a_i - a_{i-1})(a_i - a_{i+1})\cdots(a_i - a_{n+1})} b_i$$
$$+ \cdots + \frac{(x - a_1)(x - a_2)\cdots(x - a_n)}{(a_{n+1} - a_1)(a_{n+1} - a_2)\cdots(a_{n+1} - a_n)} b_{n+1},$$

$$(13.4)$$

证明 (1) 由假设知存在 Z_p 中不同元素 $c_1, \cdots, c_{n+1}$, 使得 $f(c_i) = g(c_i)(1 \leqslant i \leqslant n+1)$. 于

是 $f(x)-g(x)$ 有 $n+1$ 个不同根 $c_1,\cdots,c_{n+1}$. 但是 $f(x)-g(x)$ 的次数 $\leqslant n$, 由定理 13.4(2) 可知 $f(x)-g(x)=0$, 即 $f(x)=g(x)$.

(2) 唯一性由 (1) 推出. 再证存在性, 即证由 (13.4) 式右边定义的多项式 $f(x)$ 满足条件. 首先, (13.4) 式右边每项均是次数 $\leqslant n$ 的多项式, 所以它们的和 $f(x)$ 是次数 $\leqslant n$ 的多项式. 进而, 对每一项

$$f_i(x)$$
$$=\frac{(x-c_1)\cdots(x-c_{i-1})(x-c_{i+1})\cdots(x-c_{n+1})}{(c_i-c_1)\cdots(c_i-c_{i-1}(c_i-c_{i+1})\cdots(c_i-c_{n+1}))}b_i$$

$(1\leqslant i\leqslant n+1)$,

它在 $x=c_i$ 的取值为 b_i, 而当 $j\neq i$ 时, 它在 $x=c_j$ 的取值均为零. 由此可知, 这些项之和 $f(x)$ 在 $x=c_i$ 的取值为 b_i:

$$f(c_i)=f_1(c_i)+\cdots+f_i(c_i)+\cdots+f_{n+1}(c_i)$$
$$=0+\cdots+0+b_i+0+\cdots+0=b_i$$
$$(1\leqslant i\leqslant n+1),$$

从而 $f(x)$ 满足条件. 证毕.

公式 (13.4) 叫作拉格朗日插值公式.

有了以上准备, 现在可以介绍沙米尔门限为 $t(\geqslant 2)$ 的密钥共享方案. 设想把主密钥由 n

个人 $A_1, \cdots, A_n$ 共享 $(n \geqslant t)$. 密钥控制中心选取一个大于 n 的素数 p, 取有限域 Z_p 中一个元素 k 作为主密钥. 再随意取 $Z_p[x]$ 中一个 $t-1$ 次的多项式

$$h(x) = d_{t-1}x^{t-1} + d_{t-2}x^{t-2} + \cdots$$
$$+ d_1 x + d_0, \quad (d_i \in Z_p, d_{t-1} \neq 0),$$

其中常数项 d_0 取为主密钥 k, 即 $k = h(0)$. 控制中心再取 Z_p 中 n 个不同的非零元素 $a_1, \cdots, a_n$ (由 $p > n$ 知这是可能的). $p, a_1, \cdots, a_n$ 可以公开. 控制中心计算 $b_i = h(a_i) \in Z_p (1 \leqslant i \leqslant n)$, 然后对每个 $i(1 \leqslant i \leqslant n)$, 把 b_i 秘密传送给 A_i 作为 A_i 的子密钥. 我们现在证明这是一个门限为 t 的密钥共享方案.

（Ⅰ）任意 t 个人聚在一起必可决定主密钥 k.

为了符号简单, 不妨设这 t 个人为 $A_1, \cdots, A_t$. 这 t 个人联手便知道 $b_1, \cdots, b_t$, 公开值 $a_1, \cdots, a_t$ 以及关系式 $h(a_i) = b_i (1 \leqslant i \leqslant t)$. 由于 $h(x)$ 是 $Z_p[x]$ 中 $t-1$ 次多项式, 根据定理 13.4, 它由 t 个不同点 $a_1, \cdots, a_t$ 的取值 $b_1, \cdots, b_t$ 所完全决定, 即由拉格朗日插值公式有

$$h(x) = b_1 \frac{(x - a_2) \cdots (x - a_t)}{(a_1 - a_2) \cdots (a_1 - a_t)}$$

$$+ b_2 \frac{(x-a_1)(x-a_3)\cdots(x-a_t)}{(a_2-a_1)(a_2-a_3)\cdots(a_2-a_t)} + \cdots$$

$$+ b_t \frac{(x-a_1)\cdots(x-a_{t-1})}{(a_t-a_1)\cdots(a_t-a_{t-1})}.$$

于是可算出主密钥

$$k = h(0) = (-1)^{t-1}\left[\frac{b_1 a_2 \cdots a_t}{(a_1-a_2)\cdots(a_1-a_t)}\right.$$

$$+ \frac{b_2 a_1 a_3 \cdots a_t}{(a_2-a_1)(a_2-a_3)\cdots(a_2-a_t)} + \cdots$$

$$\left. + \frac{b_t a_1 \cdots a_{t-1}}{(a_t-a_1)\cdots(a_t-a_{t-1})}\right].$$

（Ⅱ）如果 $t-1$ 个人联手,得不到主密钥 k 的任何信息.

不妨设 $A_1,\cdots,A_{t-1}$ 联手,他们知道 $h(a_i)=b_i(1\leqslant i\leqslant t-1)$. 由于 $a_i(1\leqslant i\leqslant t-1)$ 均是非零的元素,所以对每个 $b\in Z_p$,满足 $f(a_i)=b_i(1\leqslant i\leqslant t-1)$ 和 $f(0)=b$ 的次数 $\leqslant t-1$ 的多项式均恰有一个(定理 13.2). 也就是说,根据这 $t-1$ 个人掌握的信息,Z_p 中每个元素为 $f(0)$ 的可能性都是一样的(进一步分析可知,只有一个 b,使这种多项式 $f(x)$ 的次数小于 $t-1$). 所以 $t-1$ 个人联手得不到 6 主密钥 k 的任何信息.

以上我们介绍了信息安全中的一些问题

（签名和认证、密钥分配、更换和共享等）. 在实际应用中还有许多更复杂的安全性问题. 比如说仲裁问题：当商店和用户在付钱或送货时发生争执时，如何选定仲裁机构加以判决？ 在判决过程中，双方既要为仲裁机构提供必要的信息，又要防止泄漏不必要的机密. 又如所谓"零知识证明"问题：某人需要用某种方式向对方表明他知道某个问题的答案，但是不能把答案本身告诉对方，诸如此类的信息安全问题非常重要和有趣味，也富有挑战性.

14

量子密码:保密通信的未来

　　我们向大家介绍了几种典型的加密和去密方式,并由此勾画出保密通信和信息安全历史发展的一个轮廓. 加密和去密的消长交替构成了密码学的历史,这是智力角斗的千年接力赛. 人类社会的发展和需求是这场角斗的动力,而科学和技术的发展使角斗双方不断地吸取养分和增加实力.

　　公元前后的凯撒密码使用了简单的字母移位替换加密手法(模 m 加法). 后来发展成字母之间的各种替换而不是简单的移位. 这增加了密钥量,但是明文中的每个字母在密文中仍被同一字母所替换. 现在看起来,这种密码很容易破译. 但在历史上, 差不多经过一千年, 凯撒密码于公元 9 世纪才被阿拉伯人破译. 这是由于当时的阿拉伯人具有高度的文明. 他们从中国学到造纸技术, 每年能出版上万本书籍, 仅巴格达一个城区就有超过百家的书店. 公元 815 年, 巴格达建立了图书馆和翻译中心, 吸收和传播埃及、巴比伦、印度、中国和罗马文化和自然科学知识. 在神学院里, 为了校对《古兰经》中启示录中每句话出自穆罕默德本人, 他们研究单词的起源变化、句子结构和字母频率. 正是由于数学、统计学和语言学的研究, 导致阿拉伯人给出破译凯撒密码的频率统计方法. 在公元 9 世纪阿拉伯科学家阿尔——金迪的《关于破译加密信息的手稿》中有详细的描述.

公元 16 世纪末期发明的维吉尼亚密码克服了凯撒密码的缺点, 明文中同一个字母在密文中被加密成不同的字母. 加密体制又占了上风. 经过二百多年后, 这种密码体制在 19 世纪中期才被破译. 破译者是英国人巴比奇和德国人卡西斯基. 巴比奇对各种事物都充满兴趣, 他发明过蒸汽火车前部清除障碍的装置; 利用统计学知识设计了人口死亡率统计方法; 统计过树木宽度与气候的关系, 从而认为研究古代树木可能会得知过去的气候;纠正航海学中计算纬度的航海星历表中上千个错误;并在政府资助下研究过"差分机 1 号"计算装置.但他在自传中说:"我认为破译密码是最迷人的事".运用统计学的知识,巴比奇大约在 1854 年破译了维吉尼亚密码,由于英国情报人员的要求,到 20 世纪这件事才公布于世.另一个独立破译维吉尼亚密码的人是普鲁士退役军官卡西斯基,破译于 1863 年.这个时期发明了有线电报通信方式,可以截取大量密文电报作为破译的素材,欧洲许多国家在第一次世界大战时期均以政府行为组织破译工作.直到一战结束,破译工作在与加密的角力中一直占据上风.

加密方式的新突破产生于一战结束之后,一个重要标志是发明了保密机.机械式的保密机早在 15 世纪就开始研究,在无线电通信出现之后,相继制造电子加密机.德国 ENIGMA 加密机的研制始于一战期间,但是到一战之后,于 1925 年才大量生产并用于军事.加密体制的另一个突破是美国人发明的伪随机密钥(M 序列),由于电子技术的进步(移位寄存器),它作为流密码的基本方式一直使用至今.到了第二次世界大战期间,破译工作又取得惊人的突破.

ENIGMA 加密机在 1939 年被波兰人雷日斯基破译,英国政府在丘吉尔首相的亲自关怀下也组织图灵等人破译 ENIGMA 加密机(我们说过,这项工作一直保密到 1974 年).二战期间破译工作的最大发展是在美国,大批科学家转到军方工作,成功地破译了日本的密码,并导致香农于 1948~1949 年建立信息论和保密通信数学理论.

　　1976 年以后,加密体制又得到重大的突破,这就是公钥密码体制.RSA 公钥和离散对数公钥体制被用于信息安全的各个方面.与此同时,人们也在研究大数分解和离散对数的多项式算法,企图攻破这两种公钥体制.我们已经看到,RSA 体制和离散对数体制的加密方式都只用到相当简单的数论知识.但是近二十年来,人们在改进大数分解和离散对数算法中运用了非常高深的数学,可是仍旧没有达到目的.所以公钥加密体制至今仍呈现出春风得意的局面.

　　我们已经进入 21 世纪.在新的世纪里,保密通信会有哪些动人的前景? 从 20 世纪末期人们就纷纷预测保密通信的未来,一个最热门的话题是量子计算机、量子通信和量子密码.

　　20 世纪的早期,人们用机械式的手摇计算机代替了手工计算. 20 世纪中期,由于计算机数学理论的建立和电子技术的发展,出现了电子计算机,极大地加快了计算速度. 是否能采用新的技术,制造出新型计算机比电子计算机还要快? 20 世纪后期人们设想了采用量子物理机制和生物机制的两种方案,即量子计算机和生物计算机.

英国物理学家戴维·多伊奇早在 1985 年就描述了量子计算机的设想. 量子物理和量子力学起源于 20 世纪初期一系列物理实验,描述微观世界里粒子(电子、质子、光子⋯⋯)的状态和运动规律. 它们与经典物理和经典的牛顿力学有很大不同. 实验表明:电子具有粒子和波的二重性. 它既像是粒子,具有一定的质量和电荷,同时又具有波的特性,即有干涉和衍射现象,体现出波的相干叠加特性. 1926 年物理学家玻尔提出了描述微观粒子物理状态的"几率波"方式:在每个时刻,粒子以不同的几率(概率)出现在空间的任何地方. 玻尔还提出了"量子"理论:原子只能稳定地存在于某些离散的状态,具有离散的能量(能级). 原子在吸收或发射电磁辐射改变状态时只能从一个稳定态到另一个稳定态跳跃式地进行. 玻尔的量子理论可以解释微观物理实验的许多现象. 也是在 1926 年, 薛定谔根据玻尔的波函数理论, 建立了反映微观世界运动规律的薛定谔方程, 对于单粒子运动等一些简单情形, 在数学上计算出粒子的离散能级和跃迁时所需的辐射频率. 量子力学和经典力学的另一个重要区别是测不准原则: 在任何时刻都不能同时精确测出粒子的位置和动量.

在电子计算机运算时, 每一位(bit, 比特)有两个可能, 数学上表示成 0 和 1. 每个基本信息用 n 个位组成的状态向量来表示. 比如 19 展成二进制为 $19 = 1 + 1 \cdot 2 + 0 \cdot 2^2 + 0 \cdot 2^3 + 1 \cdot 2^4$, 可以用 5 个比特的(11001)来表示, 它是 Z_2^5 中的元素. 将(11001)和(01101)模 2 相加, 得到(10100), 5 个位上同时各自独立地(并行地)做模 2 运算. 在量子计算机中, 用粒子具有顺时针和反时针两种自旋形式来表达数字 0 和 1, 这叫一个量子位(quantum bit). 如果有 5 个粒子, 则它们的量子状态表成(11001)时, 指的是第 3 和第 4 个粒子处于反时针自旋状态, 而其余三个粒子处于顺时针自旋状态. 但是实际上, 每个粒子在每个时刻都处于重叠态, 即以某个几率 p 呈现顺时针自旋状态, 而以几率 q 呈现反时针自旋方式($p+q=1$).所以 5 个粒子在任何时刻都以某种几率同时呈现 $2^5=32$ 种可能的自旋状态.在 5 个粒子受到外界作用(比如测量)时,这 32 种状态各自独立地同时改变,即可以同时进行的不是 5 个运算,而是 $2^5=32$ 个运算.如果用 250 个自旋粒子,共有 $2^{250}\sim10^{75}$ 种自旋状态,它能同时并行地进行 10^{75} 次运算,所需时间为一秒钟.这就是多伊奇在 1985 年提出的量子计算机基本构想.

量子计算机的构思引起物理界和计算界的极大兴趣,但是在技术实现上面临巨大的困难.首先,科学家不知如何计算处于重叠态的自旋粒子.重叠态只能在没被观测的情况下才会存在,任何观测都是一种外界作用,而每种外界作用都会使重叠态受到破坏.另一个问题是不能设计出量子计算机的运行程序,即不能确定这种计算机适合进行哪种类型的计算.20 世纪 90 年代以来,许多国家都把量子计算列为重大研究项目,一些实验室(如美国国防高科技研究中心的洛斯·阿拉莫斯国家实验室)都在研制能处理量子比特的技术设备(类似于电子计算机中的芯片).尽管近年来不断有新的突破,但是现在人们还无法预测量子计算机何时得以真正实现.

与实验相比,量子计算在理论上似乎走得更远.1994 年,美国贝尔实验室的彼得·肖尔(Peter Shor)和其他科学家建立了量子信息论,给出量子计算的形式化理论,像电子计算机中的逻辑元件("或"门,"与"门,"非"门)那样,设计出一些"量子"门来实现量子计算的一些基本的并行运算功能.由它们组合成量子计算程序.基于这种理论,肖尔对于大数分解和离散对数问题,均给出了量子计算的多项式算法.这意味着:如果量子计算机一旦实现,那么现在的 RSA公钥体制和离散对数方法所制作的信息安全措施全部失效!肖尔的这项研究得到通信界和数学界的高度评价.大家知道,诺贝尔奖不设数学奖,数学研究的世界最高奖是菲尔兹奖,在每 4年一届的世界数学家大会上发给最近 4 年来取得最高成就的年轻数学家.从 1986 年开始,世界数学家大会设立了尼凡林那奖,授予四年内在数学应用领域获得最好成绩的年轻科学家.肖尔在量子计算方面的数学工作荣获 1994 年在柏林举行的世界数学家大会尼凡林那奖.

那么,加密一方是否坐等量子计算的实现从而破掉现行的公钥加密体制呢? 不然,物理

125

学家和通信专家几乎同时都在构思采用量子物理机制的新型通信方式(量子通信)和新型加密方式(量子密码). 量子密码的想法由美国哥伦比亚大学毕业生威斯纳于 1970 年提出的,他用光子偏振的测不准原理来设计"量子"货币,可以防止造假币. 威斯纳把这个设计写成文章,连续向 4 家期刊投稿,均被退回. 他把文章寄给一位大学同学贝内特(一个 IBM 实验室的研究员). 1985 年前后,贝内特和蒙特利尔大学计算机专家布拉萨德一起采用威斯纳的思想,设计了一个量子密码方案. 我们简单介绍一下这种密码采用的光子偏振原理和密钥生成方法.

　　光子在空间运动时有 4 种振动形式,分别表示成 $\updownarrow$, $\leftrightarrow$, $\nwarrow$, $\nearrow$. 在测量光子时,在光子运动的路径上放偏振片作为滤光器. 偏振片有两种类型:＋型和×型. 振动为 $\updownarrow$ 和 $\leftrightarrow$ 的光子在通过＋型偏振片之后保持原来的振动形式,而在通过×型偏振片之后均以 1/2 的概率变成 $\nearrow$ 或 $\nwarrow$ 形式振动的光子. 类似地,振动为 $\nearrow$ 和 $\nwarrow$ 的光子在通过×型偏振片之后均保持原来的振动形式,而在通过＋型偏振片之后均以 1/2 的概率变成振动形式为 $\updownarrow$ 或 $\leftrightarrow$ 的光子. 利用这种量子物理机制,艾丽丝和鲍勃两人按如下程序来生成量子密钥.

（Ⅰ）艾丽丝先随意发送一串二元序列给鲍勃.例如发送 101100110011.要把这个序列变成振动的光子序列传送给鲍勃.转变有两种方案：＋方案和×方案.在采取＋方案时，1 和 0 分别转变成振动为 ↕ 和 ↔ 的光子.在采用×方案时，1 和 0 分别转变成振动为 ↗ 和 ↘ 的光子.如果艾丽丝在发送 101100110011 时，每位采用的方案依次为 ＋＋×＋×××＋×＋＋×，那么转变成的光子序列的振动形式依次为 ↕ ↔ ↗ ↕ ↘ ↘ ↗ ↕ ↘ ↔ ↕ ↗，艾丽丝将这个光子序列发给鲍勃(见图 9).

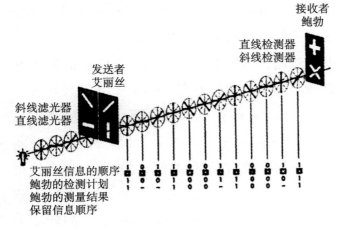

图 9 量子密钥的生成

（Ⅱ）鲍勃要测出这个光子序列的振动方向. 但是鲍勃不知艾丽丝对每个光子所用的是＋方案还是×方案. 他对每个光子只能随机地使用＋型偏振片或×型偏振片来检测. 比如说，鲍勃使用的检测器型号依次为＋×＋＋××＋＋×＋××. 第一位上两人采用的型号均为＋，第一个光子↕(表示 1)在通过＋型检测器之后仍为↕，从而数字 1 被正确检测出来. 第二位上两人采用的型号不一致(分别为＋和×)，第二个光子↔(数字 0)在通过×型检测器时各以 1/2 的几率被测成↗(数字 1)或↘(数字 0)，所以检测正确和错误的可能性各占一半. 其他位的情形也是如此, 鲍勃的测量计划和结果见图 9 下部的第 2 行和第 3 行所示.

然后, 艾丽丝通过(不安全的)电话告知鲍勃她所采用的偏振方案序列＋＋×＋××××＋×＋×，而鲍勃也告诉艾丽丝他的检测序列(＋×＋＋××＋＋×＋××)中哪些位与艾丽丝的序列一致. 在我们的例子中, 两个序列的第 1,4,5,6,8,9,10,12 位是一致的, 在这些位上鲍勃检测出正确的结果. 而在其他位上鲍勃测出的结果只有 1/2 的几率是正确的, 在图 9 下部第 4 行中这些位标成一. 把这些一去掉, 正确的

8 位缩成序列 11001001,艾丽丝和鲍勃通信时就以它作为密钥.

（Ⅲ）如果第三者伊芙想截取艾丽丝传送的振动光子序列,伊芙事先不知艾丽丝的偏振方案序列和鲍勃的检测序列,她只能自行设定自己的检测序列.随后,即使伊芙窃听了艾丽丝和鲍勃之间的通话,得知他们之间序列哪些位是相一致的,比如说第一位均是＋,那么伊芙选定的检测序列中,第一位有 1/2 的几率为×.从而伊芙在第一位测出的光子为↗或↘.注意艾丽丝在电话中只告诉鲍勃在第一位使用＋型偏振方案,并没有透露第一个光子为↕.由于↕和↔在伊芙用×型检测器时,都以同样的几率测成↗或↘,所以伊芙无法决定艾丽丝第一位是↕还是↔.这样一来,在艾丽丝和鲍勃生成的密钥中,伊芙有半数的位上不能确定是 0 还是 1.即得到完整密钥的可能性是极小的.

（Ⅳ）艾丽丝和鲍勃可以发现伊芙在截取信息.办法是:鲍勃把密钥中的一些位上数字重新发给艾丽丝,艾丽丝可检查这些数字与原来是否一致.比如密钥第一位数字 1 由艾丽丝用＋型方案发出为光子↕,鲍勃用＋型检测后也是↕.如果伊芙先于鲍勃用×型检测,光子改成↗

或↖.然后鲍勃再用＋型检测,会有1/2的几率测成↔.鲍勃把测出的↔(代表数字 0)传回艾丽丝之后,艾丽丝用原来的＋型方案收到↔与发出的↕不一致.所以在伊芙截取信息的情况下,鲍勃把密钥中某些位重新发回给艾丽丝的时候,艾丽丝会发现有一些位上与原来信息不同,这种错误表明有人在窃取,可以重新设置新的密钥.

这样做成的量子密钥是完全随机的序列,并且每个密钥使用一次就更换.发明者宣称,这种量子密码在理论上是"绝对不可破译的".但是在目前,量子通信和量子计算一样,仍处于实验阶段.1988 年,贝内特和他的助手在实验室里进行了"绝对安全"的量子通信,但是两地的距离只有 30 厘米.1995 年,日内瓦大学研究人员在长达 23 公里的光纤上把量子密码成功地从日内瓦传到尼翁.1999 年,美国洛斯·阿拉莫斯国家实验室在空气中把量子密钥传了 1 公里远.而在破译者那一方,2000 年人们用量子计算装置在实验室里用肖尔的量子算法完成了分解:15＝3·5(!).在未来,是量子计算机先获成功,从而打败目前的公钥体制,还是量子通信首先得以实现,建立起新型的量子密码体制,这是本世纪的一大悬念.

最后向大家介绍几本密码学和信息安全方面的中文书籍.普及性读物如下:

(1)《密码故事:人类智力的另类较量》.英国西蒙·辛格著(1999年),朱小篷、林金钟译,海南出版社,2001年.

(辛格曾写过另一本书《费马大定理:一个困惑了世界智者358年的谜》(1997年).介绍费马猜想经过350年被证明的历史,中文版由薛密译,上海译文出版社,1998年)

(2)《军事密码学》.李长生,邹祁编著.上海科技教育出版社,2001年.

教材和参考书有:

(1)《计算机密码应用基础》.朱文余,孙琦编著.科学出版社,2000年.

(2)《应用密码学》.(美)施奈尔(Schneier B.)著、吴世忠等译.机械工业出版社,2000年.

(3)《密码学》.宋震等编著.中国水利水电出版社,2002年.